建筑结构设计原理与实务

董志城　高华　祁广攀　主编

延边大学出版社

图书在版编目（CIP）数据

建筑结构设计原理与实务 / 董志城，高华，祁广攀
主编. -- 延吉 : 延边大学出版社, 2023.10
　　ISBN 978-7-230-05757-8

　　Ⅰ. ①建… Ⅱ. ①董… ②高… ③祁… Ⅲ. ①建筑结
构—结构设计—研究 Ⅳ. ①TU318

中国国家版本馆CIP数据核字(2023)第206554号

建筑结构设计原理与实务

主　　编：董志城　高　华　祁广攀
责任编辑：王治刚
封面设计：文合文化
出版发行：延边大学出版社
社　　址：吉林省延吉市公园路977号　　　邮　　编：133002
网　　址：http://www.ydcbs.com　　　　E-mail：ydcbs@ydcbs.com
电　　话：0433-2732435　　　　　　　　传　　真：0433-2732434
印　　刷：三河市嵩川印刷有限公司
开　　本：710×1000　1/16
印　　张：12.75
字　　数：240 千字
版　　次：2023 年 10 月 第 1 版
印　　次：2024 年 1 月 第 1 次印刷
书　　号：ISBN 978-7-230-05757-8

定价：65.00元

编 者 成 员

主　　编：董志城　高　华　祁广攀

副 主 编：宋丽媛　罗寿能　徐生琴　陈桂平

　　　　　张林林　王志坚

编　　委：张圣德

编写单位：德州市建筑规划勘察设计研究院

　　　　　北京服装学院

　　　　　河北宏安建筑工程有限公司

　　　　　德州晶实置业有限公司

　　　　　玉溪技师学院

　　　　　兰州环球港置业有限责任公司

　　　　　荣成市城乡建设集团有限公司

　　　　　武汉设计咨询集团有限公司

　　　　　利津县胜瑞城市建设集团有限公司

　　　　　菏泽市建设工程综合服务中心

前　言

　　建筑结构设计直接决定建筑整体的安全稳定性、人居环境的舒适度，需要设计人员高度重视。在建筑技术不断革新发展的进程中，建筑结构呈现出更加多变的特征，建筑类型、功能模式均朝着高度复杂的方向发展，对建筑结构设计提出了严峻的挑战，也使建筑结构设计中原有薄弱问题更加明显。

　　建筑工程项目在不同的情况下有着不同的功能，而不同的功能对建筑结构形式也有着不同的要求，应该结合建筑本身的功能来对其结构形式进行确定。建筑结构设计优化主要是着眼于建筑的功能，通过相应的计算分析，简化结构传力，调整结构的刚度和承载能力，以此来保证结构体系的安全性和可靠性。建筑功能与结构布置存在密切关联，对建筑结构设计进行优化，能够有效地提升构件的性能，从而更好地满足建筑的功能性需求。

　　建筑工程施工建设需要投入大量的资金，通过对结构设计进行优化，能够充分发挥结构的经济性优势。但从目前来看，不少业主为了赶工期，往往会对建筑设计的期限进行严格的限制，在时间紧迫的情况下，设计人员很难保证设计的精细化，会导致部分结构设计缺乏合理性和经济性。为了能够达到降低成本的目的，在钢筋及其他相关材料的配置环节，通常会采用相关规范的最低限值，这直接影响了结构整体的安全性。从结构设计人员的角度出发，必须借助先进的结构分析设计方法，做好建筑结构设计的优化和调整，在保证安全、适用的同时，实现技术先进、经济合理和施工便捷的目的。建筑结构设计不仅可以节约成本，还可以通过优化设计的方式来实现建筑结构的安全性、稳定性以及经济性。

　　《建筑结构设计原理与实务》全书共六章，字数24万余字。该书由德州市建筑规划勘察设计研究院董志城、北京服装学院高华、河北宏安建筑工程有限公司广攀担任主编。其中第二章第一节、第二节、第三节、第三章及第四章由主编董志城负责撰写，字数8万余字；第一章第一节、第二节、第三节、第四节、第二章第四节、第五节及第五章由主编高华负责撰写，字数6万余字；第一章第五节、第六节及第六章由主编祁广攀负责撰写，字数5万余字。在本书的编撰过程中，收到很多专家、业界同事的宝贵建议，谨在此表示感谢。同时笔者参阅了大量的相关著作和文献，在参考文献中未能一一列出，在此向相关著作和文献的作者表示诚挚的感谢和敬意！

由于作者水平有限，加之编写时间仓促，书中难免会有疏漏不妥之处，恳请专家、同行不吝批评指正。

笔者

2023 年 7 月

目　录

第一章 建筑结构设计概述

第一节 建筑结构设计基本原理
及合理设计方案

建筑结构设计在项目工程设计中占据重要地位，并伴随着科学技术的进步逐步改善。自改革开放以来，国外先进建筑技术与建筑理念不断传入，为我国建筑结构设计注入了新的活力。同时，随着我国科研力量的投入，新型高效材料不断被研发出来，并且已投入使用。但从实际情况来看，我国建筑结构设计仍存在较大不足，对项目工程的后续施工以及未来的使用体验造成负面影响。基于此，研究建筑结构的合理设计具有重要的现实意义。

一、建筑结构设计原理概述

（一）力与变形原理

设计师在建筑结构设计过程中始终需要考虑建筑内部各构件之间的受力情况与变形情况。在分析构件受力、变形情况的过程中，需对建筑结构以及内部构件进行承载力计算。我国建筑项目工程多采用混凝土结构设计，在分析结构强度的过程中，设计人员须计算钢筋混凝土的承载强度，若混凝土结构承载力较小则较容易产生变形，从而导致混凝土结构及其周边结构被破坏。

（二）静力平衡原理

以静力平衡方程为依据，建筑结构设计需要对构件的截面承载力进行精确计算。

静力平衡方程为：结构抗力＝作用效应。

（三）力与加速度原理

建筑结构内部在地震荷载与风荷载的影响下，各个建筑构件的受力情况存在较大差异。以 15 层建筑为例，在其他构件完全符合设计标准的情况下，内隔墙存在一定的偏移，受地震荷载影响，无内隔墙部位的柱顶节点位移较小。因为有内隔墙的节点受地震影响较大，又因其水平位移以及自重，使建筑结构在地震发生时会产生较为严重的变形，所以，设计师在设计建筑结构时，须考虑结构刚度的中心与质量中心，二者重合最佳。

（四）概念设计是建筑结构设计的重要内容

概念设计理论与上述理论不同，概念设计更重视整体概念。由于我国建筑结构的概念设计仍旧存在一些问题，实际操作中不能仅仅凭借公式的计算，还需根据历史经验以及实际情况进行设计。对于地震频发地区的项目工程而言，建筑结构需充分考虑到抗震能力的设计，对项目工程的水平应力、地震荷载以及风荷载等情况进行详细计算分析；设计师还要根据以往的地震建筑设计经验不断地对建筑结构设计方案进行调整，使其符合实际的设计需求与施工要求。

二、建筑结构科学设计的要点

（一）安全性

项目工程的整个建设过程都需要遵循安全性原则，建筑结构设计也不例外。设计师在制订建筑结构设计方案的过程中需考虑建筑结构的各个构件的连接与最大承载力等，同时对建筑结构的材料提出明确的要求，确保建筑结构的整体质量与后续施工的安全性。

（二）功能性

项目工程的建筑结构设计需要满足后续的使用需求。基于此，设计师在制订建筑结构设计方案前需收集施工条件、用户需求等信息，根据用户的不同需求及时调整建筑结构施工设计方案，提高建筑结构设计水平。随着国民生活水平的不断提高，国民的需求已发生较大的改变，设计师在进行建筑结构设计时不能仅仅考虑建筑结构的安全性，还需将建筑结构的功能性纳入设计方案中。

（三）经济性

建筑结构设计还需对建筑工程的投入成本加以考量，在众多建筑结构设计中选择安全性高、功能性强并且投入最少的方案，从而降低材料损耗与施工成本，提升建筑材料的利用率。

三、建筑结构合理设计方案的构建

（一）改善建筑结构整体设计

设计师在对项目工程建筑结构进行设计前必须对项目工程的整体情况大致了解，如果建筑结构设计方案需要修改，设计师要根据对应的建筑结构与构件重新进行计算分析。具体做法如下：

（1）建筑结构的设计模型应当设置一定的变量，从而简化模型。设计师可将影响程度较大的因素设为变量，并参考其他条件优化整体设计。

（2）设计师必须合理选择函数进行数据计算与分析。较为准确的函数计算结构能够对项目施工进行完善，减少建筑结构施工偏差情况的出现，从而提高施工单位的施工效率与经济效益。

（3）设计师在建模前需综合考量项目工程条件。建筑结构的建模设计以提高建筑的安全性、功能性、经济性为前提，在设计过程中根据施工要求、施工环境以及客户需求的变化及时对模型以及设计方案进行优化，使建筑结构设计的操作性更强。

（二）强化建筑工程内部结构设计

合理的建筑结构设计方案应对建筑结构内部构件的抗剪能力、承载力做出明确要求。一般情况下，构件的抗剪能力应高于其抗弯能力。部分建筑结构存在剪切破坏的情况，这表明建筑结构已遭受脆性破坏，由于此种破坏难以预料，因此难以采取有效措施进行预防。将"强剪弱弯"应用于建筑结构设计中能够有效减少建筑结构脆性破坏情况，确保各构件的延性。同时，强剪弱弯的设计方式还能使内部构件的承载能力与抗弯曲能力得到大幅度的提升。这种设计具有较好的抗震能力，受地震荷载与风荷载的影响相对较小，在地震灾害面前有较强的应对能力。

采用强柱弱梁结构能够优化建筑结构的抗变形效果。强柱弱梁设计是指在梁端设计塑性铰，通过塑性铰分散一定的地震荷载与风荷载，从而提升建筑结构的抗震能力，如图1-1所示。在设计强柱弱梁的过程中，设计师需放大处理建筑内部柱体结构的弯矩，梁结构设计不变，这改善了建筑内部柱结构的抗弯效果。当梁的抗弯能力变化幅度小于柱结构抗弯能力变化幅度，在二者同时受力的情况下，梁端会先受力。一旦发生地震，建筑物的梁结构可能会部分坍塌，但是建筑物内部的柱体结构抗震强度相对较大，能够减少建筑物内部人员的伤亡。在设计梁端的过程中，设计师应加强梁端塑性铰的研究与设计，梁端的塑性铰在地震时能够及时将地震荷载分散于其他构件，避免地震荷载过于集中于某一建筑构件，保证建筑节点的弹性与延性。

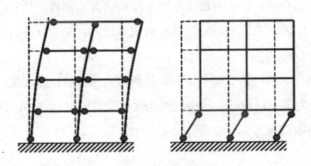

图1-1　强柱弱梁结构模型

从实际情况来看，当柱端截面的抗弯曲能力越强时，其抗弯曲能力的增幅越大。基于此，在设计建筑结构的过程中，设计师应在满足建筑结构整体设计要求的基础上合理扩大柱的截面尺寸。与此同时，在建筑结构各构件承载力计算方面，设计师可按照上述原则加强柱配筋构造。除此之外，设计梁端时，应注意其纵向受拉钢筋需在合理的范围内，确保梁端在地震中会产生塑性铰；重视建筑节点的设计，减小塑性铰的偏移。节点的设计应充分考虑节点的承载力，节点的承载力应高于连接构件的承载能力。如果节点承载力设计不合理，极有可能造成节点失效，进而使周围的梁、柱结构失效，这样就难以确保整体建筑结构的安全。

（三）完善建筑物转换层与地基设计

我国新建建筑多为高层建筑，在高层建筑结构的设计中采用转换层结构能够改变上、下部结构的使用功能。设计师可通过改变上、下结构的刚度比，缩短二者的刚度与质量差距。值得注意的是，设计师不能对高层建筑上、下结构的刚度及其他参数进行盲目调节，转换层的刚度、质量须在合理的范围内。针对建筑物内部薄弱结构，设计人员可优化构件的配筋设计，或是对建筑结构的内力加以调整。

地基的质量直接影响建筑工程的质量与安全，建筑物的形态取决于地基的设计。设计地基结构时，设计人员应根据不同的地面情况、地下情况、施工要求等进行不同的设计。地基的设计方案中须明确桩基结构，对于桩身的各项参数提出要求；同时对建筑地基施工过程的成本投入、施工设备、专业技术等在设计方案中予以标明。

在转换层与地基设计中须坚持间接性原则，尽可能地防止梁、柱结构发生错位、偏移。为了实现地基、转换层结构优化设计的目标，设计人员须科学调整梁与箍筋的距离。

第二节　建筑结构设计中的
建筑稳定性

现如今，城市化进程不断加快，建筑工程的数量越来越多，在建筑工程的建设过程中，不符合规范的豆腐渣工程也越来越多，这些建筑存在很多问题，尤其是质量和稳定性。对于一个建筑，它的稳定性是决定建筑安全的重要因素。为了使建筑更具稳定性，解决建筑建设中出现的问题，我国政府相继出台了一系列相关的法规和政策。与此同时，对于建筑地基的稳定性，相关部门也做出了明确的规定，为建筑的稳定性提供了切实的保障。

一、建筑稳定性的含义

建筑稳定性通常取决于地基稳定性。在建筑挤压地表里面的土地的情况下，地基会出现变相、沉降、滑动还有深层挤压等现象，这会造成工程建设的稳定性受到很大的危害。在建筑行业区域的环境地质调查中，把建筑的地基的稳定程度进行了明确的划分，并且提出了相应的调查内容，主要包括：了解建筑的地基所在位置的主要持有层还有相对比较特殊的岩石体的分布状况，还有相应的岩石的性质、土层的具体分布状况和厚度、工程土地的具体性质、埋藏的具体条件、地基的基本状况及稳定程度和建筑物的基本分布类型；对基坑状况有一定的了解，明确基坑的类型、具体规模和坑壁厚度等；确定基坑是否稳定，了解对地基岩土体造成危害的因素，对工程建设和环境的危害程度等。一般来说，建筑地基的稳定性是指在建筑物的荷载作用下，地基能够达到稳定的程度。地基的稳定性具有重要作用，它直接关系到建筑物的稳定性和安全，地基在地底之下安装，是承受着建筑物的岩土。

二、建筑结构设计中建筑的稳定性评价

结构设计是个系统、全面的工作，需要扎实的理论知识功底，灵活创新的思维和严肃认真负责的工作态度。千里之行始于足下，设计人员要从一个个基本的构件做起，做到知其所以然，深刻理解规范和规程的含义，并密切配合其他专业的人员来进行设计，善于反思和总结工作中的经验和教训。只有通过科学的设计，才能使建筑的稳定性得到保障。

　　建筑结构设计中建筑的稳定性评价在建筑界是一个非常值得探讨的话题，建筑结构的设计和实施关键在于建筑的稳定性评价。在我国，已经出现了三种评价地基稳定性的方法，分别是附加应力法、数值分析法、力平衡分析法。这三种方法均能对建筑的稳定性作出评价，但都不算确切和全面。为了满足建筑结构设计中建筑的稳定性的评价，建筑界的专家学者从未停止过对它的探讨和探索。对建筑的稳定性评价一般从以下四个方面展开：

　　第一，建筑场地和地基的整体是否具有稳定性。建筑场地和地基整体的稳定性对于整个建筑的稳定和安全起着非常重要的基础作用。它对评价建筑稳定性的高低程度有重要作用，包括岩土体的沉陷程度和破坏程度均是重要因素。

　　第二，要考察地基的分布是否均匀。建筑结构的设计需要考虑多方面，地基的分布地点便是需要重点考虑的方面。如果地基的分布不够均匀、不够合理，那么整个建筑都将存在安全隐患。所以，很明显，地基分布的均匀度是评价建筑稳定度的重要因素。

　　第三，地基的沉降程度、倾斜程度和变形程度是建筑稳定性评价的一个重要因素。建筑稳定性受地基的沉降程度、倾斜程度和变形程度的影响。要对建筑的变形程度作出合理的估量，减小因为地基沉降造成的建筑变形，使建筑的稳定性得到切实的保障。

　　第四，地基所能承受的标准值也是建筑稳定性评价的重要因素。建筑物地表的下沉率、倾斜率、变形率是标准值的参考依据。建筑稳定性的评价在实际的操作中可能会和评价的标准有所差异，还需根据实际情况而定，不能只是在理论上进行相应的评价，却不注重实际中出现的问题。

　　建筑的稳定性取决于多个方面，除了地基会在根本上影响建筑的稳定性，还有很多构造的设计以及建筑施工中材料的使用、建筑框架的要求、梁板的设计等，都会影响建筑的稳定性。相关文件中的规定一定要认真遵守，在建筑结构设计中要特别重视稳定性这一问题，发现施工中的不足之处，要及时进行改正，加强建筑结构设计中的稳定性工作。

第三节　建筑结构设计中的
建筑经济性

一、建筑结构与经济性关系的处理

（一）建筑结构设计与建筑设备之间经济关系的处理

建筑结构设计是建筑工程设计的核心框架，对于项目质量安全和功能优化起到了关键作用。建筑层数的增加会导致建筑设备增多，无论是电路设备还是排水管道的建设难度都会增加，所需的施工材料增多，导致工程项目成本增加。因此，要把控建筑层数的合理性，优化设计建筑结构，在满足人们使用需求的前提下，分析大数据系数，从而进行科学的结构设计，实现经济效益最大化。随着建筑层数的增加，人们的用电需求和排水量也随之增加，不仅在建筑建设过程中造成成本增加，在后期的建筑使用中还会造成排水压力增大，对于后期维护方面造成较大影响，因此科学的设计规划对建筑工程的建设与使用都有重要意义。

（二）建筑结构外观和经济关系处理

建筑结构不仅决定了建筑外观和建筑形状，而且还决定了建筑整体的稳定性和安全性，因此前期进行建筑结构设计时，要遵循安全合理性原则，根据建筑项目的用途和特点进行结构优化。其中，圆形结构和方形结构较为常见，使得建筑每个部位受力均匀，能够起到良好的承载支撑性，规避各类安全风险。若是考虑到外观造型的美观性，要设计不规则的建筑外观，需要提高建筑基础结构强度，并设置剪力墙，提高建筑防震能力，有效避免在长期的风化和受力过程中出现墙面裂痕，提升建筑项目质量安全。

（三）建筑部分结构与建筑层数经济关系处理

建筑部分结构与建筑层数之间也有着直接关系。随着建筑层数的增加，建筑基层构件需要进行刚度和强度的优化，增加建筑基础构件的规格，扩大基坑面积，增加基坑深度，采用钢筋混凝土浇筑和支架固定结合的方式进行建筑本体的稳定，成本也会相应增加。超高建筑的建筑稳定性相对较差，因此应加强建筑结构设计，设定科学合理的建筑层数，实现建筑项目利益最大化，保障建筑工程项目质量。房屋结构设计复杂也会导致整体成本增加，需要在后期装修时耗费更多的材料，但是结构的合理性和舒适性是决定用户满意度的关键因素，也是决定房屋出售效果的核心要素。

（四）建筑用地面积和建筑层数经济关系处理

建筑工程项目所占面积基本确定，因此在面积一定的基础上，增加建筑层数就可以增加购买需要，高层建筑的层数越多，平均分摊的用地面积会越少。但是建筑层数过多，会导致建筑部分区域光照效果降低，从而导致部分楼盘的采光性较差，不能满足人们的住房用房需求，使得人们对于部分楼盘的购买力下降，导致建筑成本上升，企业经济效益较差。因此要科学测量建筑之间的距离，根据太阳移动轨迹，进行楼盘朝向的设计，并根据光照角度进行楼间距的设计，从而提升整体建筑采光效果，保障住房的舒适性。

二、结构选型对建筑经济性影响分析

（一）结构体系的合理性

任何建筑形式都要通过建筑结构设计来实施，结构的合理性一是要保证结构安全性，二是要满足受力科学合理、传力简洁、节约造价。结构的合理性体现的是建筑的内在美，结构受力的科学合理是与建筑的外形美观相一致的。考虑结构与建筑形式的关系，必须结合科学的传力系统和合理的受力方式，受力合理性和传力的科学性在很大程度上取决于设计者对结构受力情况的了解。设计者对建筑结构中各分部系统的受力状态包括荷载的特点、受力性质和大小等，都应有清晰的概念和系统的认知。如图 1-2 所示，为耶鲁大学的英格斯冰场，是建筑师埃罗·沙里宁（Eero Saarinen）别出心裁的设计。该建筑在纵向附加上一组钢索，这样产生的应力状态保证了屋面的稳定性。结构中所有的曲线都是"自由式的"，整个建筑室内外朴素简洁，悬索结构自然外露，不加任何修饰，减少了部分外形装修费用。

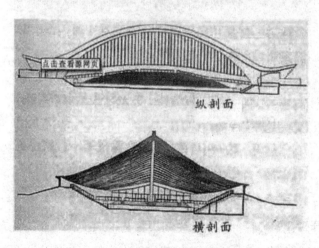

图 1-2　耶鲁大学英格斯冰场

建筑形态应与结构形态在各种各样情况中相适应。在荷载作用下，结构构件受力后一般会产生弯矩，弯矩不仅是结构计算的重要因素，也是建筑结构概念设计的一个重要的判断依据。建筑设计时，通过弯矩与其相关力学概念，可以帮助设计者进行建筑结构设计构思。如图 1-3 所示，德国柏林电视塔的结构的流线完全是按照自身的受力弯矩图来进行设计的，形如悬臂梁，其弯矩在根部较大，与其受力弯矩包络图非常相似，建筑形态结合结构内力分布而建，赋予了原来简单结构新的活力和动感。

图 1-3　德国柏林电视塔

（二）与使用空间相结合

建筑空间，都是人们利用物质材料从自然空间中围隔出来的。结构空间是按材料性能和力学规律围成的空间。当结构空间与建筑空间保持一致时，可大幅度提升空间利用率。因此，如何处理建筑空间与结构空间、结构形态和使用空间的关系，对建筑经济性的重要性不言而喻。

结构设计是为了建立合理的使用空间。根据结构设计和建筑材料使用所遵循的客观规律，建筑设计师对视觉空间进行艺术加工和处理，这是现代建筑能够达到审美标准的最本质、最经济的建筑创作方法。如图 1-4 所示，为 GMP

建筑设计事务所设计的重庆大剧院，这是一个典型的建筑结构设计和使用空间合理结合的成功案例，该方案充分利用了重庆的山区特殊地形，减少了项目投资，具有良好的经济性。设计师根据使用空间的具体情况，调整建筑形体，建筑结构为筒体（电梯井）、框架、剪力墙和钢结构组成的混合结构体系，舞台和观众厅为抗震墙，屋顶为轻钢结构，类似板块的结构构件采用大悬挑处理；根据观众席地面起坡要求和舞台高度要求，对观众大厅的使用空间进行高低错落的结构处理，既很好地利用了使用空间，又与建筑方案的创意效果不谋而合。

图 1-4　重庆大剧院

三、建筑材料对建筑经济性影响分析

（一）建筑材料特性

木结构是我国古代主要的建筑结构形式，木质建筑结构形式合理，充分发挥了木材特性，因此很多古老的建筑保存至今。现代的木结构，利用胶合重组技术，不但可以提高材料的强度，改善原木力学性质，又能最大限度地利用原材料，充分利用小块、边角木料。通过与钢结构、气膜等结构重新组合，可用于较大结构空间的设计。建筑结构新材料主要有新型高强度铝合金、高强度预应力钢筋、合成材料、气膜膜材等。在同等条件下，应尽量选用高强度的建筑材料，因为其经济性更高。

如图 1-5 所示，是结构工程师塞西尔·贝尔蒙德（Cecil Balmond）与建筑师阿尔瓦罗·西扎（Alvaro Siza）合作设计的（1998 年）里斯本世博会葡萄牙馆。他们将简洁的结构形式进行了完美的演绎，简洁的结构形式和简单的建筑材料完美结合，表现出不可思议的美感。

图 1-5　（1998 年）里斯本世博会葡萄牙馆

（二）运用新型建筑材料

随着新型建筑材料的不断发展，具有独特用途的新型建筑材料层出不穷，且其在设计领域有较强的适应性，因此广泛用于各种环境的建筑设计，这样可以应对更多方面的设计问题，而且在材料的使用上比传统材料更便捷、成本更低。新型建筑材料既可以提升建筑使用功能和改善空间环境，加快施工，还能降低后期维护费用。使用越灵活、运用范围越广的建筑材料，对建筑成本的限制越小。新型建筑材料的开发引起建筑生产技术的飞跃发展，为实现大跨度、超高层、大悬挑、抗撞击、抗震等结构形式提供了新的思路和手段。新型建筑材料的进一步发展，不但增加了建筑设计的灵活性，还使建筑材料本身更具经济性。如图 1-6 所示，为德国的 Landesgartenschau 展厅，由德国斯图加特大学的一个技术团队设计建造，该建筑原型是一个画廊空间，通过使用机器人制造技术实现了超轻木质结构。该建筑的壳状构造是由联锁榉木胶合板组成的，里面有一个 125 m^2 的大厅。该项目巧妙地运用了新材料，细薄的承重结构只需要 12 m^2 的榉木、50 mm 厚的胶合板，堪称同类建筑的首创。另外，在剪裁联锁木板时产生的几乎所有废料都在制造木地板的过程中重复使用。在数码预制了结构和构件层（如隔热层、防水层和包层）的所有元件后，现场组装仅用 4 周时间就完成了。新材料的应用使之取得了良好的社会效益和经济效益。

图 1-6　德国 Landesgartenschau 展厅

（三）运用地方材料

不同的地方，建筑材料体现着不同的地域风情，而同样的材料由于文化背景及当地加工工艺不同也会表现出不同的地域特色。随着科技创新，传统地方材料逐渐不再受地域性和技术条件限制，在建筑中合理地利用当地建筑材料，既能够使建筑具有地域特色，还能够大幅度节约建筑材料运输费用，使建筑更具经济性。如图 1-7 所示，为越南的竹子住宅，越南建筑事务所进行此设计的初衷是为低收入群体提供住宅。这个竹子住宅项目利用成堆的垃圾石粉、废弃水瓶和轮胎与其他当地有机材料相结合来建造。使用这种基础设施系统，将减少森林砍伐和环境污染，节省空间。

图 1-7　越南竹子住宅

如图 1-8 所示，为高黎贡手工造纸博物馆，由华黎迹·建筑事务所（TAO）设计。高黎贡山本身就具有显著的地域性与独特的文化环境，手工造纸博物馆的作用在于向世人展示当地造纸的历史、文化、工艺和产品等，作为当地的文化中心和公共活动中心对外进行文化交流。建筑师采用当地传统建筑材料包括木、竹子、火山石等，采用地域特色的木结构并结合现代构造做法。博物馆节省了大量材料费用，在一定程度上促进了当地传统资源保护和发展。

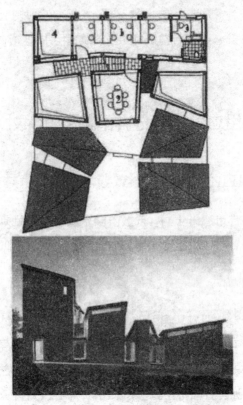

图 1-8　高黎贡手工造纸博物馆

四、旧建筑改造对建筑经济性影响

城市的发展处于一个不断更新的动态过程，日渐增多的旧建筑成为很多城市需要解决的问题。通过适当的改造设计可使旧建筑恢复或产生良好的经济性。改造旧建筑与新建相比，能够节约约 1/3 的造价，不仅可以大大降低投资方初期投资，还利用了原有的基础设施，建设工期更短，使业主在建设时间上有更多的选择，因此旧建筑改造在经济性方面具有无可比拟的优势。如图 1-9 所示，为法国的一个废弃的水泥厂筒仓建筑，后改造为一个城市雕塑，成为一件独特的艺术品。旧建筑改造为巴黎增添了一道靓丽的风景。建筑的文化性和经济性都是城市的重要属性，二者并不矛盾，应当相互促进、互利共生。随着时代发展，城市建筑逐渐融入岁月沉淀的内涵，其所蕴含的历史文化价值改造后可转化为更高的商业价值。

图 1-9　法国筒仓建筑

第四节　建筑结构设计的可靠度

建筑结构设计的可靠度主要是指某一个特定时间内以及建筑结构在不同环境的要求之下完成的预期建筑结构的设计功能，保证建筑结构的使用功能以及使用寿命。通常情况下，建筑结构设计的可靠度数值高的话，就表示建筑结构使用的寿命长，建筑结构设计的可靠度也会对建筑结构在使用过程中的舒适性以及安全性等有着重要影响。相关人员在对建筑结构进行设计时，需要增强建筑结构设计的可靠度、重要性的明确认知，保证建筑工程具有安全性和可靠性。

一、建筑结构设计的可靠度分析

（一）建筑结构设计可靠度的定义

建筑结构设计的可靠度定义主要指在相应时间内建筑结构可以应对各种环境的影响，实现获取建筑结构设计预期功能，使建筑结构能承受各种环境产生的压力，获取相应的使用功能以及使用寿命。具体来说，建筑结构设计可靠度是能进行量化的，可靠度数值越高就说明建筑使用寿命越久，同时也表示建筑结构使用的过程中还具备较好的安全性以及使用功能。

（二）建筑结构设计可靠度基本理论

在社会生产应用以及建设的过程中，建筑结构设计的可靠度理论可以转换成随机变量公式，对经验量化进行校准，进而更好地对建筑结构设计进行控制。随着我国建筑行业逐渐提升对建筑结构设计的可靠度的重视，并对其进行深入的研究，相关理论已获得非常喜人的成果，但在理论应用至建筑结构设计的实践中，还必须具备一些规范的操作，对建筑结构设计的理论要点进行完善。

建筑结构设计的规范性是要求在对建筑结构进行设计的过程中，相关建筑结构设计的内容必须符合相关的法律法规、制度等的规定，具备一定的强制性。在此前提下，如果建筑结构设计的成果产生问题，相关工作人员以及施工单位必须对失职产生的法律后果承担责任。建筑结构的设计人员在相关法律、规范的要求下，要能依据不同施工的要求与标准，对建筑结构进行灵活设计，利用科学和规范的操作提升建筑物质量以及施工水平。

二、建筑可靠度设计的基本原则

将可靠度的设计理念有效应用到建筑结构设计中，是为了保证建筑结构整体的设计质量。建筑结构设计过程中必须遵循下列原则：

（一）刚柔度适合的基本原则

建筑结构设计必须遵循刚柔度适合的基本原则。假如建筑结构设计得过于柔和，在地震以及大风等一些外力的作用下，会很容易产生比较大的变形，从而影响建筑的正常使用，进而致使建筑结构的耐久性下降。假如建筑结构设计得过于刚，那么建筑变形的能力会降低，受到瞬间比较大的作用力时，如地震产生的作用力等，建筑物会由于柔韧度较差而被毁坏。如果建筑结构过于刚，则会对建筑物的经济性产生影响，使建筑建设材料产生浪费。

（二）分清主次的基本原则

可靠度的理念应用原则是必须抓住建筑结构设计环节中的主次要点，划分建筑结构的构件受力传递的主要路径。不同建筑构件具有的作用是不同的，相关建筑设计人员必须抓住建筑结构设计的重点，保证建筑结构设计具有科学性与合理性。就算建筑受到外力产生破坏，建筑结构中的不同构件也可以发挥出自身应有的作用。

有效抵抗外力的重力荷载传递的主要路径是：建筑中的板至建筑次梁然后到主梁，经由竖向的构件墙和构件柱最后传递至建筑基础。而风荷载与地震力两种水平力的剪力主要是由剪力墙或柱子予以承担，主要分配的规则是由建筑结构体系与抗侧的刚度决定的。

建筑结构的专业规范设计原则有两种，分别是强柱弱梁和强剪弱弯。强柱弱梁是确保不发生建筑梁的刚度相对于柱子的刚度过大而致使建筑结构中的柱子在梁发生破坏之前破坏，体现先建筑竖向构件后水平构件的主次顺序。强剪弱弯是为确保建筑结构构件的受剪不会在受弯之前产生破坏。建筑受弯破坏属于延性破坏，建筑受剪破坏属于脆性破坏，延性破坏属于缓慢预兆的，但脆性破坏是瞬间发生、没有任何预兆的。建筑结构设计的过程中必须防止发生脆性破坏，以确保生命财产安全。

三、影响建筑结构设计可靠度的主要因素

（一）目标可靠指标产生的影响

目标可靠指标主要是指在对建筑结构进行设计时，建筑结构的可靠度具备的规范性以及规定作用等一些相关指标。设计人员在对建筑结构进行设计时，必须对建筑结构各项建设材料的性能以及结构施工的过程和建筑结构影响的因素等进行考量，并通过一系列环节得出上述因素标准的数值，以此作为前提条件，对建筑结构设计的工作起到参考作用，对提高建筑结构设计质量以及设计水平起到推动作用。因此，目标可靠指标是建筑结构设计可靠度的主要影响因素，相关的设计人员在进行建筑结构设计时需要对上述指标的标准数值予以参考，比如在进行建筑结构设计时，不但需要考虑建筑结构对于社会发展的经济效益，还要考虑施工时产生的经济成本，由此保证进行建筑结构设计时相关的影响因素能进行转换，保证建筑结构设计的完善性，有效提高建筑结构设计的稳定性。

一般情况下，假如建筑结构目标可靠指标比较高，尽管能确保建筑工程的施工质量，但是建筑工程建设期间的经济成本也会增加，使得建筑企业自身的经济效益得不到有效保证；假如建筑结构目标可靠指标比较低，建筑工程设计的质量就得不到保证，从而对建筑使用者的生命以及财产安全产生严重影响。

（二）可变荷载产生的影响

荷载因素是建筑结构设计可靠度的主要影响因素。一般而言，建筑结构自身承担的荷载高，那么建筑物使用的周期就会短。可变荷载主要指建筑结构在规定使用的范围内，建筑承受的在一定范围内变化的荷载。经过大量的研究和实践证明，可变荷载是对建筑结构设计的可靠度产生影响的重要因素。

目前，相关研究人员将可变荷载划分成基本的可变荷载的类型以及其他的可变荷载的类型。其中，基本的可变荷载的类型是指建筑结构的内部人群以及物体对建筑荷载产生的影响变化；其他的可变荷载的类型是指建筑项目所在区域天气的变化以及地震、积雪等一些不可控因素对建筑结构产生的不确定的荷载内容。对于建筑结构设计的相关人员而言，必须明确建筑结构设计的过程中基本可变荷载的数值，根据建筑结构使用过程中不同功能对建筑物基本的可变荷载平均数值进行求取；相关设计人员必须充分了解建筑项目所在区域内自然环境的条件，并针对建筑结构承受的荷载最大值进行记录并展开分析，最大限度地减轻可变荷载对于建筑结构稳定性产生的影响。

（三）施工质量产生的影响

建筑项目施工质量会对建筑结构设计的可靠度产生重要影响。建筑项目施工的过程中会涉及很多影响因素，其中施工现场的环境以及施工的相应技术和施工的建筑材料等因素都会对建筑项目施工质量产生一定影响，进而会对建筑结构设计的可靠度产生一定影响。就算是同样的建设施工材料，在不同施工技术的作用下以及不同环境的作用下，最后呈现在相同建筑结构中的各项性能也存在差异。

因此，对建筑结构进行设计时，建筑设计目标的质量以及实际施工的质量时常会存在很多不同之处。由此，设计人员在进行建筑结构设计时，必须在对建筑项目施工相关的影响因素进行综合考虑、综合分析之后，对实际施工时存在的质量偏差进行有效控制，保证建筑项目建设完成之后建筑物的质量能达到相应建筑结构的设计标准。相关施工人员必须强化对建筑施工阶段建筑质量的管控，严格依据建筑结构设计的图纸进行施工，保证建筑施工的材料以及施工的具体技术和工艺一直处于可控制的范围内，保证建筑项目施工的质量，从而有效减弱施工质量对建筑结构设计的可靠度产生的影响。

四、提升建筑结构设计可靠度的对策

建筑结构设计是建筑项目中最基础的环节，建筑结构设计的可靠度是确保建筑质量与安全的重要前提。在建筑结构设计的过程中，相关设计人员必须依据现实情况选取科学的建筑设计方案以及施工工艺，并对各个施工环节进行严格管控，确保建筑结构设计的可靠度，进而提升建筑物的稳定性与安全性。

（一）确保建筑物相关参数的精准度

建筑工程施工的过程中使用的建筑材料主要包括钢筋、水泥和混凝土等，建筑结构多数是钢筋混凝土结构。因此，在进行建筑结构设计的过程中，对于使用的建筑材料的性能及特性、钢筋混凝土结构的承载能力及安全性能和持久性需要进行综合考虑。不同建筑材料产生的效果有所区别，性能方面也存在差异，建筑施工的过程中参照的相应参数必须具有可靠性，要依据实际施工的现状对参数进行设置，只是简单设定固定值不能确保建筑结构的稳定性。建筑施工过程中的影响因素非常多，应依据现实情况明确各项参数的取值范围以及精确数值，保证建筑结构的质量以及安全性能与耐久性能。

（二）严格遵循国家相关建筑规范标准

各个行业都有相应的国家法律法规对其进行规范，建筑行业应该遵循国家制定的建筑规范标准，以促进我国社会经济的高速发展。建筑规范标准存在法律效力，具有强制性。相关工作人员在开展建筑结构设计工作时，要严格执行相应的法律法规、规章制度、规范标准。当现存的规范标准不能满足建筑结构设计需求时，相关企业或是单位必须及时向上级部门进行反映，以便于国家研究并出台更加科学合理的相关规范标准。对于建筑结构设计过程中存在的违规与违法行为，必须及时制止，并依据相关法律规定进行处理。

（三）建筑结构设计的可靠度试验

建筑结构设计的可靠度试验主要指，对建筑结构进行设计时，对建筑结构可靠度进行检测，并依据检测结果对建筑结构可靠度进行评价。在建筑施工的过程中，建筑结构设计的可靠度试验能准确反映出建筑质量，还能为建筑后期设计提供有效参考。

建筑结构可靠度试验主要包括两方面的内容：一是测量建筑结构的可靠度，二是评估和分析建筑结构的可靠度。在对建筑结构的可靠度进行分析时，相关设计人员可利用可靠度的计算方法对建筑项目整体的质量以及安全性能进行评价，进而为建筑结构的设计提供有效的参考依据。在现实的工作中，对建筑物的稳定性以及安全性进行评估时，相关设计人员必须对不同影响因素，如地震以及地质条件等因素进行分析。因此，在对建筑结构进行设计时，相关设计人员必须高效利用建筑相关的理论知识，并依据现实情况选取最优方案以及措施，进而实现建筑项目经济效益的最大化。

针对不同建筑设计方案，相关设计人员必须采取保护措施，避免发生安全事故，有效保障社会公众的生命安全和财产安全。另外，如果发生突发事件，相关设计人员必须及时予以解决，防止造成额外的经济损失。相关设计人员必须严格依据相关规范要求进行建筑结构的设计，防止由于人为因素而出现安全隐患。因此，建筑结构的可靠度试验是进行建筑结构设计工作的重要基础。

（四）建筑结构的防腐设计

建筑结构的防腐设计不仅是提升建筑结构抗腐蚀能力的主要途径，还是确保建筑结构安全的重要措施。在建筑结构施工的过程中，相关工作人员必须严格控制建筑材料的质量。在使用建筑材料时，相关工作人员必须做好建筑材料保护工作，规避建筑材料因为运输不合理以及存储不当而产生损坏。相关工作人员必须做好建筑房屋的防潮以及防水等工作，防止因为渗漏问题而对建筑物的安全性以及耐久性产生影响。针对具有特殊要求的建筑物，相关工作人员必须采取相应措施。例如，可采用非承重墙体的加固形式起到保护墙体结构的作用，还可以通过抗裂砂浆提升建筑保温层的表面强度与增加建筑保温层抗裂的能力，从而保证建筑结构的安全性与耐久性。

当前阶段，伴随建筑工程施工技术的更新与发展，有关建筑结构的可靠度问题成为研究的重点内容。可靠度的指标在建筑结构设计中的应用也比较广泛，但在建筑工程施工的过程中，存在很多因素会对建筑结构的可靠度产生影响。因此，为了有效保障建筑结构的安全性，需要在明确建筑结构的可靠度概念的前提下，掌握对建筑结构设计的可靠度产生影响的相关因素，有效保证建筑结构设计的安全性，从而对建筑行业的快速发展起到推动作用。

第五节 建筑结构设计的安全性

建筑结构设计不仅会对建筑工程的整体美观性产生影响，同时也会对建筑工程最终的安全性产生直接影响。建筑质量安全是建筑工程的基本要求，提升建筑工程结构的安全性至关重要。然而近年来，建筑工程中安全事故频发，做好建筑结构的安全优化设计至关重要。

一、建筑结构设计中的安全隐患

（一）建筑抗震设计不合理

尽管我国的地震带分布范围较小，但是在地震中建筑坍塌的事故并不少见，究其根源，主要是由于在建筑结构设计中没有注重抗震设计优化。我国在颁布建筑抗震设计规范之后，明确提出了有关建筑结构的抗震设计要求，即：建筑结构在小型地震中达到 64%以上的完好概率；在中型地震中超过 10%的建筑可修；在大型地震中至少 2%的建筑不倒。但是纵观当前建筑工程实际情况，由于缺乏合理的抗震设计，地震中仍有较为严重的建筑倒塌现象。

（二）混凝土结构出现裂缝

在建筑工程中，混凝土结构是最为基础的结构组成部分，但是基于实际而言，这一结构也是最容易出现质量问题的。通过对以往的建筑工程结构进行调查研究，可以发现混凝土结构出现裂缝现象的概率较大，在使用中可能会出现雨水渗漏，长此以往将会对建筑结构整体造成损害，甚至出现墙体坍塌等现象，造成较大的安全隐患。这是因为在建筑结构设计中，没有结合有效的方式对混凝土结构进行加固设计，高层建筑中的底层结构支撑性较差，在压力较大或是在外力因素的作用下，极易产生裂缝问题。

二、优化安全性的建筑结构设计方法

（一）建筑抗震优化设计

1.建筑结构设计中隔震减震设计存在的问题

（1）抗震墙对支座造成的影响

在进行隔震减震设计的过程中，需要做到尽量分散。一方面，是因为这样能够让建筑结构变得稳固；另一方面，可以降低地震时给建筑带来的倾覆力加成，减弱支座拉力带来的严重影响。要根据要求确保受力较大的一面设置抗震减震支座，并确保各支座间距离不得超过 2 m，否则会导致抗震减震支座的作用无法体现，进一步影响建筑的隔震减震效果。

（2）建筑物的走向设置对抗震性能造成的影响

设计人员不仅要深入现场进行实地考察，还要结合当地的地质状况和地震发生的方向，降低房屋在地震过程中的过度震动。为了提高房屋的抗震能力，可以通过合理规划使建筑物的走向和地区震向呈相互垂直关系，这有助于提高建筑物的抗震能力，减小建筑物在地震中的损毁概率。

（3）墙体与防震缝设计问题

在墙体的规划和设计中也可以进行隔震减震设计，要根据实际建设需求设计合适的防震缝，综合考虑其长度和宽度，以促进建筑结构设计向更稳定、更安全的方向发展。同时，在一些地壳运动较为活跃的地区应该着重设计防震缝，方便设计方加强对建筑结构设计中的稳定性控制，从而约束建筑物的位移。

2.建筑结构设计中隔震减震性能的提升途径

（1）完善隔震策略

虽然现阶段正在实施的隔震策略比较多，但是大都是使用特殊材质的地基隔震、断层间隔地震两种方式，要想进一步提高建筑的隔震效果，相关设计单位要根据安全要求，与现场施工实际相结合，不断研发新铺设垫层技术，提高隔震水平，降低地震造成的危害。在实际施工中，通常选用黏土与砂子来修建垫层，而沥青在以后隔震设计中会得到更加广泛的使用。

（2）优化减震策略

现代建筑工程设计中的减震策略通常是使用建筑外部的结构部件，消耗地震带来的能量，从而增加建筑自身阻力。这些外部的结构部件安置方法很多，经常配备于层间、构造节点以及剪力墙等重要部位，无挫曲波纹型钢也能够进一步提高建筑的减震能力，应设置在变形较大的楼层位置。由于抗震引起的单侧外力作用增加，剪力墙只会屈服而不产生挫曲变化，要有效处理基础位置，从而使剪力墙在单外力作用下拥有很大的刚性，以达到减震的目的，从而一定程度上增加剪力墙的强度。通过一定的分析，研究建筑的受力体系，从而确定消能构件的数量与主轴方向分布，改变建筑的阻尼比，减小地震影响系数，有效减少因地震而损伤建筑构件，这对于提高施工中建筑的减震能力非常重要，而对于已成形的建筑进行加固，也能提高减震效果，但此种方式使施工变得更加复杂，还会增加施工成本。

（二）建筑结构加固设计

1.外包钢加固设计

为满足建筑工程的安全需求，在建筑结构设计中需要做好质量检验工作，若发现建筑结构质量不符合标准，需要及时进行优化设计。而结构加固设计就是其中有效优化安全性能的结构设计方式之一。通过在建筑工程的混凝土结构中增加型钢，起到外包加固作用，保护混凝土，使其具有良好的支撑性能，可以提升建筑结构抗压能力，达到良好的抗倒塌效果。在建筑结构设计中，可以使用环氧液体胶外包钢加固施工的方式完成结构安全优化，具体步骤如下：首先，在完成混凝土基面的施工之后等待固结；其次，在其外围拼接钢件，并安装灌浆嘴排气口；再次，在灌浆之后进行封缝，并对气密性进行检查；最后，在钢管内部灌注环氧液体胶，完成封口。这样能够保障混凝土结构具有更加良好的支撑作用，并能有效避免后续建筑结构使用中混凝土出现裂缝的问题，从而更好地保障建筑结构安全性。

完成混凝土结构施工之后，根据结构加固施工要求，选择厚度为 16～35 mm、钢材强度 f 为 295 kN/mm^2 的钢板，打磨粘钢表面，测量放线，合理布置粘钢位置；随后对钢材的黏接面进行清理，并做好防锈蚀；使用砂轮机打磨钢材，促使其具有较好的金属光泽，并在其表面擦拭涂抹丙酮溶液，晾干后可在混凝土表面进行粘接组装。

粘接完成后，根据钢件组装要求进行焊接，促使角钢贴合混凝土结构，以竖直效果进行安装；完成焊接处理之后对焊接缝进行校验，并使用结构胶进行封边密实处理。结合结构施工要求，合理设置注浆管埋设位置，间隔 500 mm 进行注浆，在 30 min 内完成注浆施工，则能够促使混凝土结构与外包钢形成一体化的结构效果，达到良好的加固防裂缝作用。外包钢加固结构图如图 1-10 所示。

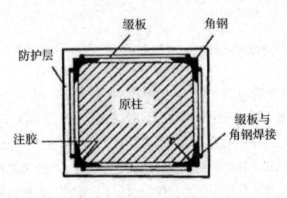

图 1-10　外包钢加固结构

2.碳纤维加固设计

碳纤维加固是一种全新的提升建筑结构安全性的方法，借助具有较好耐久性和较强拉伸性的碳纤维材料，能够对混凝土结构起到良好的保护加固作用，有效避免混凝土开裂引发安全事故。

3.加大截面设计

加大建筑梁以及柱等截面结构的设计方式是促使建筑结构形成良好稳固性的有效方式,能够达到更加安全的支撑效果。通过在梁顶结构的设计中增加截面,可以更好地对建筑结构起到安全支撑保障,如图 1-11 所示。在结构设计中增加钢筋,并对其进行锚固,按要求使用水泥对其进行灌浆,可以保障梁体结构面增加,进一步提升承载力表现。该技术相对较为简单,在梁结构施工中同步伴随施工即可完成,可以快速提升建筑结构强度。完成拆模之后,对结构强度和支撑力进行检验,其与未加大截面的结构参数进行对比,性能更优。

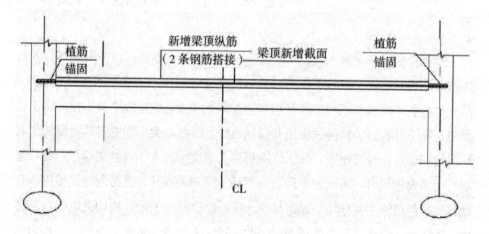

图 1-11 梁顶结构增加钢筋截面设计

第六节 建筑结构设计的绿色理念

绿色建筑符合我国的可持续发展理念,实现了建筑行业与环境保护之间的协调,减少了建筑工程施工中出现的能源消耗,是推进建筑行业发展的基础。在绿色建筑施工中采用绿色环保材料,提高了自然资源的使用效率。绿色建筑项目管理能够满足全生命周期的管理要求，最大限度地减少施工中的资源消耗，减少环境破坏现象，为居民提供更加舒适和健康的生活空间。绿色建筑项目在施工前期需要开展科学的规划与设计，满足选址要求，在拆除过程中也需要加强对废旧材料的合理运用，以最低能耗实现资源利用率的提升，结合制冷和供热等多个环节降低资源消耗，满足节水节电等要求，最终为建筑行业的可持续发展奠定坚实的基础。

一、绿色发展理念在建筑结构设计中的应用意义

随着社会的飞速发展，坚持绿色发展理念的绿色建筑已经成为建筑行业发展的必然趋势。绿色建筑不仅可以有效降低能源消耗，实现资源的高效利用，同时也有利于构建建筑与生态环境和谐发展的关系。在传统建筑工程的施工过程中，所使用的施工材料往往是非自然资源，因而此类工程更容易对周边生态环境造成破坏。与之相比，绿色建筑却最大限度地融入了自然美学，在延长建筑使用寿命的同时，还能给予周边自然环境适当的保护，进而为建筑使用者营造舒适、健康的生活环境。通常来说，绿色建筑的施工全过程均会影响自然环境，如选址、设计、使用等环节。因此，设计人员应当根据生态学、工程力学等相关学科的知识，综合考量各类影响因素，尽可能减少能源消耗，降低环境负荷，进而实现各种能源的高效利用，最终从整体上保障生态循环系统的稳定和健康。

现阶段，无论是在提升施工质量还是在完善建筑的使用性能等方面，绿色发展理念都发挥着极大的作用。总的来说，在实际应用过程中，绿色发展理念的作用主要有以下两个：

第一，实现自我调节。在开展建筑结构设计工作时，设计人员贯彻落实绿色发展理念能够有效利用施工现场的各种自然条件，比如气候、自然光线等，从而确保建筑工程的节能环保。即使在投入使用之后，坚持绿色发展理念的建

筑工程也具备较强的自我调节能力，其能够在实现节能减排的同时，延长自身的使用年限。

第二，创设良好的居住环境。设计人员在将绿色发展理念应用于建筑结构设计时，通常会确保结构空间设计的规范性和科学性，同时会选用节能环保建材，从而避免施工材料对住户健康造成危害。

二、绿色理念下的建筑结构设计原则

（一）节约型原则

为了满足建筑行业的可持续发展要求，降低施工中的资源浪费，需要落实绿色理念，降低成本投入，减少对环境的破坏，确保整个建筑项目取得较高的经济效益。在建筑结构设计中，需坚持绿色环保理念，提高资源利用率，促进结构设计更加合理，坚持低能耗原则，减少建筑结构中出现的资源浪费，以资源节约为目标，满足建筑结构设计的相关要求，促进建筑行业的可持续发展。

（二）舒适性原则

现代化建筑结构设计中，为了确保使用效率提升，为人们创造更好的居住环境，需要以现代化居民的理念为基础，在设计舒适性的基础之上，改善以往传统型制冷和采暖方式，积极应用绿色技术，让建筑居住环境更加舒适。

（三）人性化原则

人性化原则是建筑结构设计中的关键原则，在设计过程中需要坚持以人为本的理念，创造更好的居住空间，促进人与自然之间的和谐统一。在设计过程中需要将人性化原则放在设计的关键位置，让更多的绿色环保措施落地。

三、绿色理念在建筑结构设计中的具体应用

（一）开展周围环境规划设计

一方面，在建筑结构设计中，要想充分体现绿色理念，必须实现建筑周围的降噪处理，科学落实噪声屏蔽系统。在设置噪声屏蔽系统时，要求设计人员结合道路的高度、宽度及车流量等进行分析，另外还需要针对建筑所在地的地形等进行科学规划，落实最佳的方案设计，实现良好的隔音效果。另一方面，在建筑结构设计中要重点关注绿化带的设计，绿化带既能够美化环境，又能够隔绝噪声。在进行绿化带设计时，需要加强灌木、乔木等的利用，最大限度地发挥灌木、乔木的隔音作用，促使居住环境更加舒适。

（二）开展建筑布局设计

在建筑结构设计中应用绿色理念，需要对建筑所处的位置及使用性能等进行分析，确保建筑结构设计更加科学。在建设过程中需要满足对新型能源的使用要求，如太阳能、风能等，利用可再生资源替代传统的不可再生资源，减少工程项目施工中的资源消耗。为了满足建筑结构设计要求，需要对建筑间的距离展开分析，确保每一栋建筑都有充足的阳光照射，在冬季依然有充足的照明时间，增加建筑室内的温度，减少对天然气、煤炭等资源的消耗。

（三）合理选择建筑材料

建筑结构设计中，为了满足绿色理念要求，需要科学选择建筑材料，设计人员需要针对建筑材料类型进行分析，加大新型材料的应用力度，减少因材料问题而造成的环境破坏。比如，在建筑项目施工中，针对混凝土砂浆等材料的选择，要选择就近的混凝土搅拌站，以减少在施工场地内开展混凝土拌制产生的粉尘、噪声等。

　　总之，为了促进建筑行业向节能化和绿色化方向发展，需要在建筑结构设计中加强绿色理念的应用，设计人员应针对建筑结构设计的理念展开分析，坚持相应的设计原则，明确建筑发展与环境保护之间的关系。建筑结构设计是满足建筑行业发展的基础，在设计过程中需要加强对绿色理念的应用，科学选择施工材料，积极应用先进技术，落实工程项目施工的监督工作，促进建筑行业的可持续发展。

第二章　建筑结构设计的方法和应用

第一节　大数据环境下仿生方法在建筑结构设计中的应用

随着大数据技术的不断发展，尤其是BIM（建筑信息模型）在现代建筑结构设计中的应用，建筑仿生成为新时代建筑学领域的新潮流。建筑仿生是根据自然与社会生态规律，结合生物学、美学以及信息学，将建筑结构、功能与自然生态环境进行综合搭配，实现建筑工程的生态效益、经济效益以及社会效益的有机结合。仿生建筑结构设计是"生态＋科技＋创意"的体现，基于社会对建筑工程多元化需求的不断增长，仿生建筑设计理念成为现代建筑设计的内在创新驱动。

一、大数据环境下仿生方法在建筑结构设计中的应用价值

仿生方法顾名思义，就是将大数据技术模仿自然生态环境中的景物等运用到建筑设计中。随着大数据技术的发展，尤其是 BIM 技术的应用，为仿生设计提供了有力的技术支撑。例如，位于江苏昆山开发区的昆山电子展示馆，是

一座充满科技感的场馆，其设计就充分融合了仿生技术，利用计算机技术将建筑工程的各项元素进行参数化调整。该建筑的造型以圆形为母体，通过运用BIM 技术综合环境分析、风速测试、阴影计算等对该建筑形态进行优化，从而形成科学的设计方案，通过 BIM 模型检验，该方案实现了与当地环境的有效搭配，尤其是规避了与周围环境不相容的问题。

通过实践调查发现，仿生方法在现代建筑结构设计中的应用具有重要的价值。一方面，随着大数据技术的发展，利用仿生方法能够有效地实现绿色设计理念。BIM 技术环境下的建筑设计更加突出绿色理念，如通过 BIM 技术可以将建筑结构设计的各项参数进行优化计算，以此达到精准的设计方案，避免后期出现设计调整。另一方面，将仿生方法运用到建筑结构设计中能够体现虚拟设计的价值。近些年，随着虚拟技术的发展，将虚拟技术应用到结构设计中能够体现建筑设计的审美理念。而仿生方法则是借助虚拟技术，利用三维动画的设计手段，将建筑功能与生态环境要素相结合，从而达到建筑工程绿化发展的要求。

二、大数据环境下仿生方法在建筑结构设计中的类型

大数据与仿生方法的融合推动了建筑结构设计的数字化发展。仿生建筑主要通过研究有机生物生理、结构、行为作为建筑结构设计的灵感来源，其通过对大数据技术的运用力求实现建筑与外部多变环境因素的融合，以此满足人类高品质的需求。例如，欧洲著名的斯图加特大学 Elytra 展厅就是将甲虫纤维结构转化为建筑结构，以甲虫的前翅结构为起点，将轻质生物纤维结构转化为建筑结构，由自动化机器人制作，以编织的手法将其转化为更强韧的结构单元体，一个个如细胞般的单元体被串联在一起，创造了造型独特的Elytra 展厅。在大数据技术的推动下，仿生方法在建筑结构设计中的应用类型主要包括：

（一）筒体结构

筒体结构是建筑结构设计的重要内容，也是建筑工程最常见的构造。筒体结构的设计理念主要来源于自然界竹子的特点。竹子在生长的过程中需要承受风载与自重荷载双重压力，但是其不容易被折断，原因就是其内部空间的圆形结构能够承受较高的压力。将竹子的负载压力引入建筑筒体结构中，能够增强建筑工程结构的刚度。设计人员在设计时通过利用 BIM 平台对建筑工程的受力元素进行优化，以此准确核算建筑筒体结构的空间布局与支柱布局位置。比如，天津的"津塔"就是仿照竹子受力特点，利用 BIM 软件系统设计混凝土支柱、剪力墙以及外伸臂相结合的结构。

（二）索网结构

索网结构的设计理念源于蜘蛛网。蜘蛛网的结构比较特殊，其内部的受力点配置比较均匀，能够承受诸多应力的冲击。因此，在现代建筑设计中，设计人员通过虚拟技术对蜘蛛网的网状张力进行参数优化，从而有效地提升了建筑结构的柔性度。德国著名建筑师和工程师奥托（Frei Otto）设计的德国慕尼黑奥林匹克体育场就是采用这种结构，由网索支撑的帐篷似覆盖物覆盖体育场、体育馆、游泳馆设施，使其成为整体，不但结构合理，而且取得了经济和造型的双赢。索网结构一般应用在大型临时性建筑中。

（三）壳结构

自然界中薄壳状的物质通常具备曲度均匀、质地轻盈的特点，此种弧状曲面能够有效分散外部的作用力，提高建筑物的承载力，同时在确保建设较大空间的基础上减少建材的使用量，通常在设计大型场馆时应采用薄壳结构的设计方法。例如，天津博物馆便是应用了仿生方法，利用网壳体结构有效提高了建筑空间的使用率。

（四）膜结构

植物细胞的泡状结构原理也可以应用到建筑结构的设计中。膜结构主要是将薄膜材料进行张拉，进而形成一种能够跨越较大空间的建筑结构。例如，德国的安联球场便应用了膜结构，该体育场的表面应用了 2 874 个膜结构，且膜结构的形状为菱形，同时选择网架结构为支撑。膜结构具有良好的防水、防火、隔热、自清洁等优点，并且在菱形膜结构中保持 350 Pa 的大气压，使得安联球场的外观看起来更像是一个橡皮艇，不仅满足了体育场的基本建设功能，还提高了美观度。

三、大数据环境下仿生方法在建筑结构设计中的具体应用策略

仿生方法应用于建筑结构设计的主要目标是使建筑与环境形成一个良性的循环系统，同时将生物结构特点与建筑技术进行合理的融合，最终建设生态型建筑。

（一）运用 BIM 软件，修改仿生形态参数

将仿生方法运用到建筑结构设计中需要本着绿色、创新的理念，实现建筑工程与自然生态环境的和谐发展。由于仿生方法在建筑结构设计中的运用要求合理设计仿生对象的特点，实现高品质的建筑功能，因此其需要设计人员关注参数计算工作，保证设计方案的每项数据准确无误。尤其是对于装配式建筑，设计人员在运用仿生方法时需要融合 BIM 软件系统，利用 BIM 软件系统对设计参数进行优化调整。在建筑结构仿生设计中，通过对有机生物结构的模仿可以有效提升建筑结构的质量。例如，国家游泳中心（水立方）就是通过对大自然中常见水滴的分析，构建了一个三维立体空间，虽然从外面看属于较为薄弱

39

的结构体系，但是其内部有着科学的钢结构作为支撑，有效地满足了空间扩大的需求。而水立方的设计主要是在运用仿生方法的同时通过 BIM 软件系统进行虚拟模型设计，以此优化钢结构的设置空间。

（二）构建虚拟仿生系统，实现可视化设计

将仿生方法应用到建筑结构设计中的关键就是要实现仿生方法与信息技术的融合，通过对有机生物生理、结构以及行为的数字化处理，实现仿生方法与建筑结构设计的融合。在现代建筑结构设计中，必须利用 BIM 技术实现对仿生方法设计过程的可视化操作。例如，在高层建筑结构的设计中，由于楼层高度越来越大，为了实现低碳、绿色的设计理念，需要考虑楼高与周围环境的冲突。楼层过高会导致高层受力较大，影响人们的居住。所以在具体的设计时需要利用 BIM 软件对高层结构设计进行可视化模拟操作，以不断优化高层结构设计方案。

为了增强建筑结构的环保性，可以利用仿生方法研发建筑环保材料。现阶段，建筑材料的研发与生物界有着密切的联系。例如，模仿蜂巢的建造结构创造出了蜂窝板，其具有强度高、薄壁轻质、稳定性好等优点；并在此基础上又创造出了石材蜂窝板，将蜂窝建造的结构与石材相结合，有效减少了制作石材板所要消耗的材料，降低了建筑建设成本。除此之外，人们结合蜂巢的特点创造出了空心砖、泡沫混凝土等建筑材料，此类材料均具有良好的保温、隔音性能，属于环保绿色型的新型建材。

总之，基于大数据技术的不断发展，仿生方法在建筑结构设计中主要应用于建筑的外观、材料、结构以及工程方面。为了充分发挥仿生方法的应用价值，在运用仿生方法时需要融合大数据技术，依托 BIM 软件系统实现建筑结构设计方案的科学化与合理化，达到建筑工程与生态环境的有效融合。

第二节　建筑结构设计中的
智能化设计

现如今的建筑结构的设计，需进一步加强智能化设计。传统设计理念并不能满足新时代的要求，造成的设计矛盾、冲突较多，难以推动建筑行业的进一步发展。智能化建筑结构设计可以提供更多的便利功能，从而在建筑工程的实际应用方面取得卓越的成果。

一、智能化建筑结构设计概述

近年来随着科学技术的快速发展，越来越多的智能化技术开始进入到人民群众的日常生活当中，在建筑设计领域也是如此，相关的建筑设计单位开始把智能化设计引进来，从而保证通过合理的设计使得建筑整体的应用效率得到提高，为人民群众创造更加优越的生活环境。在智能化建筑结构设计过程当中，需要将各种类型的信息技术同建筑技术相融合，从而全面地提升智能化建筑的设计效率，对设计过程当中的各个应用环节进行有效的控制。例如，通过运用智能传感技术、计算机技术，可以对建筑内部的电气设备进行控制，保证电气设备能够平稳、持久地运行，同时提升电气设备的运行效率，最终提升人民群众的生活质量。

二、智能化建筑结构设计的特点

智能化建筑结构设计已经成为当前的一大趋势，深受人们的重视和关注，智能化建筑，能够满足人们多方面的住宅和应用需求，给人们一种全身心的智能体验，所以在智能化建筑结构设计中，必须注重以下几个方面：

（一）节约化

对于建筑结构设计，智能化是其重要的组成部分，这是一个大趋势。例如，很多建筑结构的内部开始增加各类智能化的系统、设备，虽然占用的空间非常小，但是提供的功能特别多，这相比以往各类庞大的设备而言，能够在消费者群体中得到更多的欢迎，并且促使建筑工程的结构拥有更大的发展空间。智能化设计的一个优势，在于对建筑结构的利用率能够更好地提升，在有限的空间范围内，尽量减少无效利用情况，促使建筑结构的安全性、稳定性更好地提升，即节约化。例如，BIM 技术是智能技术的代表产物，在建筑结构设计中应用该技术能够方便按照可视化的方法来操作，并配合模拟施工来优化设计，可以在很大程度上让建筑结构的设计效率、质量更好地提升。

（二）生态化

现如今的生态问题非常突出，生态保障措施、方法必须不断创新，应进一步掌握好未来的发展走向，即做到生态化。在智能化的辅助下，建筑结构设计的生态理念、方法，有助于充分落实国家的相关规范、标准，而且在生态的相关参数设计、功能打造上，使设计人员站在全新的角度来思考，让建筑结构的设计与生态保持和谐相处，减少对生态环境的破坏现象，使长期环保工作的开展拥有更多的选择。

（三）人性化

与以往不同，建筑结构设计的人性化，是要真实地考虑到大家的日常生活和工作，尤其是舒适度必须大幅度提升。例如，老人、小孩等，对于建筑结构的要求存在较大的不同，但是大部分家庭是共同居住的，此时在建筑结构设计方面，应对结构内部的构成模块开展合理的优化，一方面提升结构的舒适度和稳定性，另一方面需要给予家庭装修和自我打造的空间，这样才能提升人性化的实施效果，确保未来建筑结构设计取得更大的突破。

第三节　建筑结构设计中
造价控制的应用

一、建筑结构设计与工程造价背景

目前，在材料、人工等刚性成本居高不下，价格疲软、销售乏力的大背景下，绝大多数开发商的盈利能力都受到重创，个别项目甚至出现零利润。因此，成本控制就成为企业盈利的主要途径，而规划、设计是控制成本的关键环节，建筑结构设计中的成本控制，对整体项目投资成本起到了"四两拨千斤"的作用。如何有效降低建安成本，且不影响建筑的功能与品质，实现效益最大化，关键在于降低不必要的土建成本，实现建筑结构设计中的成本控制。建筑结构设计与建设单位整体投资中的造价控制和施工单位在施工成本上的造价控制密切相关。

二、建筑结构设计与工程造价的关系

（一）建筑结构设计对建筑投资成本的影响

工程设计成本占工程总投资造价的 1%～3%，但工程设计对总投资成本的影响占比 70%～90%。一般建安成本占总投资的 40%～60%，而在建安成本中结构部分成本占 50%～60%。因此，建筑结构设计对投资造价成本控制起着决定性作用。项目投资成本受到地域政策、市场因素、规划设计、施工进度等因素影响。建筑方案的整体设计必须在追求允许的最高容积率、可售面积最大化的同时，兼顾建筑结构设计的合理性，只有这样才能更好地进行造价控制。造价控制应贯穿建筑结构设计的全过程，建筑结构设计的成果映射着造价控制成效。另外，做好项目投资策划前期的结构成本测算，可为前期的项目决策提供数据参考。

（二）建筑结构设计对成本造价控制的影响

由于建筑结构设计直接关系到其最终的成本控制效果，因此一栋楼的初步设计方案一旦确定，则其总体的结构设计就已基本定型。设计图纸是项目实施的重要基础，项目的后期费用控制，是以设计图纸为先导的，且项目预算、项目实施计划等都与之相关。从总体上看，建筑结构体系直接影响了施工组织设计计划的制订，决定了施工组织中人、材、机的选择及投入费用。建筑结构体系直接影响了施工工期、资金周转时间，关联影响了投资总建设期。在建筑结构设计中可与后续施工密切结合，在设计中考虑施工的可行性及便利性；同样，相关特殊施工工艺要求可反过来指导设计。应在施工图阶段将相关问题前置解决，顺利推进施工，达到预期工期，减少因设计变更或施工困难造成的工程拖延。在目前推行的 EPC（设计、施工、采购）总承包项目中，建筑结构设计能发挥其作用，达到项目施工成本控制的目的。

（三）建筑结构设计质量对工程造价的额外影响

在建筑结构设计中，会因"错漏碰缺"进行设计变更，而设计变更会产生工程造价的增补，如楼梯碰头的整改，入户门洞高不足的整改，构造柱增设等。严重的结构设计缺陷会引发事故，如有因设计荷载取值不足引发的钢结构屋盖倒塌事故，有因地下室顶板无梁楼盖设计不合理引发的顶板倒塌事故。事故的处理费用往往相当巨大，造成企业的亏损甚至破产。可见，做好建筑结构设计，对工程事故的预防有着重要作用。

三、造价控制在建筑结构设计中的应用

（一）推行标准化设计

采用标准化设计的优点是：①可套用标准模块，提高设计效率；②减少差异性，设计质量有保证；③便于实现构配件生产工厂化、装配化和施工机械化，提高施工效率，加快建设进度；④结合标准化施工，有利于保证施工质量；⑤有利于节约建筑材料，降低工程造价，提高经济效益。

日常设计过程中要树立并推行标准化设计意识，创建企业标准化模块库，积累扩充模块库。住宅建筑中标准化模块主要有平面单元模块、户型模块、功能模块、公共区域模块、立面线条模块等。建筑标准化设计引导着建筑结构设计标准化，并能促进结构设计更加精细化。

（二）推行造价控制中的合理限额设计

建筑结构设计中各阶段需建立造价控制。在建筑方案设计阶段，建设单位会提供设计任务书和该项目的限额设计指标。大部分地产商的限额指标是对已建工程进行分析而得出的，具有一定的指导意义。指标数据包括基本环境条件、政府规定、建筑平立面条件、施工工艺条件等。设计人员要在方案设计阶段深

入对比相关条件，必要时对指标进行修正，达到指标合理性要求，有效地指导设计。在限额设计下，设计过程更加精细化，如施工图设计阶段中的结构方案比选方法是实现限额设计的有效手段。需要特别指出的是，根据地质条件的特性，采用不同基础形式，其造价差别巨大。此外，预算工作人员要正确处理价格变动，要对材料的规格、品质进行客观评价，并避免因价格变动而影响工程造价。

（三）制定合理的设计质量管控方法

结构设计流程中的控制要点：①建筑结构方案评审；②确定设计人员及分配任务；③编制项目结构设计统一技术措施；④初步设计（计算模型）质量控制；⑤施工图质量控制。

设计成果的验证顺序：自校→校对→会签→审核→审定。简称"三校两审"。

在控制过程中，管理人员要将项目的限额设计，贯穿整个设计流程中，并在控制的要点环节，融入造价控制。例如，在建筑结构方案评审环节，去除不合理的结构方案，选择最经济的结构方案；制定项目结构设计统一技术措施，技术措施参数符合规范就行，不就高取值；施工图配筋精细化，符合计算值就行。

（四）建立标准化、规范化、数字化的协同设计平台

协同设计平台有以下优势：①实现各专业协同设计，提升设计效率，减少内部损耗，提高设计资源利用率；②方便不同专业之间的信息互通，防止因专业之间交流不畅引起的设计质量事故；③可远程设计协同，实现各分公司、各部门、各专业、各人员之间的相互协作，实现在线校审、会签等流程工作，缩短产品设计周期；④具有痕迹化、可追溯性。

建筑结构的设计流程、设计管控、设计成果的验证均可在协同设计平台上操作，标准化、规范化地开展工作。同时，利用平台可追溯性的特点，可

制定更为详细的奖惩制度，从严管控。

（五）可增设造价咨询协同设计

工程设计阶段总体上包括方案设计阶段、初步设计（扩大设计）阶段和施工图设计阶段。在工程设计阶段，工程造价的主要工作为工程概算、工程预算。设计阶段对工程总成本的影响最大，在设计过程中，合理地选择和进行投资控制，可以保证工程的投资不超出预算。在工程设计阶段，业主单位可提前指定第三方造价咨询单位对接设计单位，提前跟进算量，进行造价的辅助控制，可有效实现业主的投资控制，摒弃工程设计后才开始进行预算的传统做法。工程造价咨询单位的主要工作内容为：按不同的设计深度进行投资分析，比较各种成本和技术经济指标；通过编制或审查、分析，检查工程造价控制目标在施工图设计中的实施情况，及时纠偏调整。

第四节　CAD 技术
在建筑结构设计中的应用

一、CAD 技术应用概述

（一）建筑 CAD 发展历程

CAD（计算机辅助设计）技术是依托计算机系统与相应软件产品辅助人工完成设计工作的一项技术手段，它起源于 20 世纪 70 年代，是通过编写计算机程序快速获得计算结果的技术，在工程概预算与管理领域中应用广泛。随着时间推移，CAD 技术体系日益成熟，各企业陆续推出多种 CAD 软件，如 PKPM 系列软件、TBACCA 系列软件等。在 CAD 技术早期发展阶段，由于受到基础软件与硬件限制，技术使用功能较为单一，并不具备图形交互等功能，主要被用于开展方案评估、施工图绘制等工作，多数设计工作仍采用手工方式完成。近年来，随着第二代 CAD 系统的问世及推广，CAD 技术的使用功能呈现出多元化发展趋势，可以依托计算机系统完成绝大多数建筑结构设计工作。

（二）主要设计软件

1.PKPM 系列

该系列 CAD 软件由中国建筑科学研究院研制，采取 AutoCAD 绘图支持软件与 FORTRAN 编程语言，主要包括建筑结构平面设计软件、弹性地基梁筏板基础结构设计软件、高层建筑结构三维计算软件、钢结构辅助软件等。根据实际应用情况来看，该系列 CAD 软件具备独立操作条件，以及优异的人机交互性能与前后处理能力，适用于建筑结构设计工作的各个环节。但是，在绘制梁柱断面等图纸标注信息时较为烦琐，人工调整难度高，且计算结果相对较为保守。

2.TBACCA 系列

该系列 CAD 软件由北京建业工程设计软件研究院研制，由钢桁架辅助设计软件、高层建筑辅助设计系统、辅助地基设计系统、结构空间分析系统等组成，实际应用范围涵盖建筑结构设计、电气、暖通等专业，具有操作简单的优势，适用范围较广。但是，在实际应用期间，TBACCA 系列软件不具备多塔建筑结构的条件，且无法客观分析楼板对梁抗扭刚度所造成的影响，计算结果准确性有待提升。

（三）CAD 技术的优势

在建筑结构设计领域中，CAD 技术的主要优势有以下几点：

1.工作量少

在传统设计模式中，需要以手工方式完成图纸绘制等工作，需要企业投入大量劳动力，长期开展基础性与重复性工作；同时，受到人为因素影响，偶尔会出现图纸画错等问题，实际工作量较大。而应用 CAD 技术，可以依托计算机系统与专业绘图软件，在短时间内完成图纸绘制等设计工作，有效减少了实际工作量。

2.设计成果重复利用

使用 CAD 软件所完成的设计成果可以重复利用，如可以从绘图软件中导出 CAD 图纸，直接将建筑施工图转变为设备底图等，以此简化建筑结构设计工作。

3.资料管理

设计人员可选择将设计图纸等工程资料信息以虚拟数字形式存储在 CAD 软件中，且软件具有实时查阅、远程控制、异地下载等功能，能切实满足现代建筑工程的设计需求。

（四）CAD 技术缺陷

CAD 技术在建筑结构设计领域应用广泛，但在实际应用期间，仍旧暴露出诸多技术缺陷，具体如下：

第一，束缚设计思想。与传统设计模式相比，在应用 CAD 技术时，必须明确标注建筑物比例与构件尺寸等参数，禁止在设计期间存在模糊性与随机性数据。这虽然有效提高了设计精度，但在一定层面上，限制了设计师的创作思路，不利于提高建筑外观美观度与艺术鉴赏价值。

第二，技术水平要求高。CAD 技术体系较为复杂，由多种计算机辅助软件组成，且技术体系发展速度较快，陆续推出新型软件产品与技术理念，对设计人员的专业素养及学习能力提出了较高要求。

此外，根据实际应用情况来看，CAD 技术暴露出多个问题，如各环节所使用 CAD 软件处于孤立状态，实际设计效率存在优化空间，缺乏开展协同设计工作的基础条件。例如，使用 AutoCAD 与 3ds Max 软件开展建筑前期平立剖与 3D 效果图绘制作业，使用 DesignBuilder 软件开展建筑结构能耗模拟计算作业。

二、CAD 技术在建筑结构设计中的应用实例

（一）CAD 技术在寒地木建筑结构设计中的应用

下面要介绍的项目为风屏障木结构建筑，位于长春市吉林建筑大学，CAD 技术主要被用于建筑能耗模拟计算、构建模型、建筑节能优化设计等方面，具体应用情况如下：

1.建筑能耗模拟计算

首先，设计人员使用 DesignBuilder 能耗模拟软件，在软件中构建数字能耗模型，向模型中导入室外设计参数与室内设计参数，如年平均气温值、地区类型、围护结构传热系数等。其次，构建简化能耗模型，在模型中导入不可控变量以及可控变量。再次，在软件中对该建筑结构属性与特性进行物理描述。最后，用户通过操作 CAD 软件，在确定结构特性与输入变量后，即可确定高输出变量与获取建筑能耗模拟计算结果。需注意，考虑到该建筑为新建建筑，应选择采取正向模拟法。

2.构建模型

在该项目中，结合实际情况，设计人员最终选择使用 SketchUp 软件绘制建筑效果图，使用 AutoCAD 软件绘制建筑平面图。同时，考虑到所构建建筑能耗模型存在文件无法兼容问题，选择使用 DesignBuilder 软件重新构建建筑能耗模型，并在软件中独立设置能耗模拟参数。所构建的 CAD 模型

如图 2-1 所示。

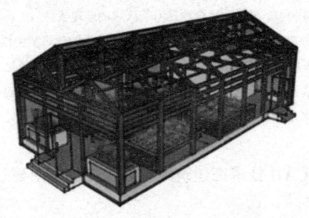

图 2-1 风屏障木结构建筑 CAD 模型效果图

3.建筑节能优化设计

在建筑节能优化设计环节，CAD 技术的应用步骤为：设计调研—建筑结构方案设计—暖通给排水设计—节能设计、深化设计—确定最终建筑结构方案。同时，建筑节能优化设计具有双向性特征，在设计期间出现各类问题，或是未达到预期设计目标时，都将回到方案设计阶段，重新开展节能优化设计工作。

（二）CAD 技术在动力时程分析中的应用

在建筑结构设计阶段，动力时程分析工作的意义是能够客观掌握建筑结构的实际抗震性能，分析建筑结构动力特性与受地震影响时建筑物破损程度二者之间的关系，为建筑结构抗震设计工作的开展提供信息支持。而从技术应用层面来看，在建筑结构设计阶段，对 CAD 技术的应用，凭借技术可视化等使用功能，可以帮助设计人员更为直观地理解试验计算结果，客观层面上提高了建筑结构选型与受力分析等环节的设计水平。

以动力时程模块应用为例。首先，用户在软件中采取人机交互方式来确定建筑结构，持续将图形信息转换至可识别数据信息，并依次开展楼板次梁计算以及结构计算操作，完成力学分析处理任务，确保软件内建筑结构信息与实际力学性能高度相似。其次，结合项目所处区域的地理条件与地震烈度，在软件中基于力学特性发出受迫震动，分析地震波影响下的建筑结构位移受力情况，对位移量、反应力以及弯矩等参数进行记录。最后，基于分析结果，判断建筑结构是否符合抗震规范，评估建筑结构抗震能力，对抗震结构的薄弱环节进行选择性的深化设计。

三、CAD 技术在建筑结构设计中的应用建议

（一）推动技术可视化发展

在 CAD 技术早期发展阶段，受到软件与硬件限制，CAD 技术不具备可视化使用功能，存在应用局限性，设计人员难以深入了解建筑结构设计情况。为此，相关企业需重点研发与完善 CAD 技术的可视化功能，依托计算机系统与软件工具，将计算结果与数据信息转换为可视化图形图像信息，直接在屏幕上进行交互处理，在可视化状态下开展结构设计工作，如三维动态显示震源与模拟破坏规律。

（二）加强设计全过程一体化建设

由于不同 CAD 软件相互间的兼容性较差，且单一软件的使用功能匮乏，存在应用局限性，因此在使用 CAD 技术的前提下，会将建筑结构设计工作分割成若干环节，不同环节间的关联系数较低。这一问题的存在，限制了建筑结构设计水平及效率的进一步提升。针对此，应推动 CAD 技术体系的创新优化，提高各个 CAD 软件的兼容性，持续完善软件使用功能，以加强建筑结构设计的全过程一体化建设。例如，西方发达国家自 20 世纪末起开展相关研究，制定了建筑工程模式与图形数据交换统一标准，并致力于研发统一的 CAD 平台，

将 CAD 技术贯穿应用于建筑结构全设计过程。

（三）掌握软件应用技巧

各类 CAD 软件的操作流程较为复杂，对设计人员的专业素养有着较高要求，如果没有熟练掌握软件操作技巧，容易出现绘图结果错误与参数计算错误等问题，进而影响到建筑结构设计质量与方案的可行性。因此，设计人员必须熟练掌握各类常用 CAD 软件的操作技巧。以 PKPM 系列软件为例，在使用 PMCAD 软件构建交互式建筑结构模型时，需要将结构布置形式与构件荷载存在差异的结构层分别在多个结构标准层中进行描述，禁止使用图案编辑菜单对单独标准层或任意部分进行拖动平移处理，避免出现节点错位现象。同时，严格按照从上到下的顺序组装标准层，禁止篡改或调整标准层组装顺序，并将所输入荷载值视为荷载标准值，而非荷载设计值。

综上所述，在现代建筑结构设计中，企业与设计人员需要正确认识到 CAD 技术的应用价值，将技术应用于建筑结构设计始终，确保技术优势得到充分发挥。同时，为满足全新的建筑结构设计需求，需要推动 CAD 技术体系优化创新，持续完善技术功能，以促进我国建筑业的信息化、现代化发展。

第五节　建筑结构设计中 BIM 技术的应用

结构设计是建筑工程项目设计的重要内容，其直接关系着建筑结构应用的稳定性、安全性。新的经济形势下，建筑工程获得了快速发展，建筑的结构形式愈发复杂，人们对于建筑结构设计的质量也提出较高要求。依托 BIM 技术开展设计工作已经成为建筑结构设计的重要形式，该技术在建立建筑信息模型的基础上，确保了各单元设计工作的有序开展，有效提升了设计的系统性、科学性。

一、BIM 技术的基本特点

作为现代工程项目设计的技术支撑，BIM 技术在建立三维数据模型后，实现了工程信息数据的高效利用，有效保证了建筑结构设计的系统性、全面性。从 BIM 技术应用过程来看，其应用特点包括：

第一，协调性。依托 BIM 技术开展工程设计，能在协调各结构单元功能的基础上，减少设计冲突问题的发生，提升设计结果的表现效果。

第二，模拟性。BIM 技术的模拟性不仅表现在其能模拟设计人员设计的建筑结构，而且表现在其能对相关设计问题集进行模拟分析，找出合理解决措施。

第三，优化性。建筑工程结构设计包含较多内容，依托 BIM 技术可实现各单元的组合优化，确保结构整体的稳定性和安全性。

第四，可视化和可出图性。这在提升设计效率的基础上，实现了设计人员内部、设计人员及施工人员的快速交流，提升了建筑结构设计的科学性、系统性。

二、建筑结构设计中 BIM 技术的具体应用

（一）构建三维实体模型

传统设计模式下，建筑工程项目设计采用 CAD 设计形式，其虽然具有强大的制图优势，但是在设计结构立体展示方面存在一定缺陷。与 CAD 技术不同的是，BIM 技术可构建三维实体模型，该模型能将建筑工程项目设

计的具体结构呈现出来,并且能实现结构中不同构件的直观展示,这对于设计人员分析各构件之间的关系具有积极作用。另外,采用 BIM 技术构建三维实体模型后,还可结合使用可视化技术,这样能对设计模型中存在的问题进行系统分析,通过这些问题的分析和解决,可有效保证设计方案的科学性、合理性。

(二)规划建筑空间

空间规划是建筑结构设计的重要内容,同时也是建筑结构设计的初始环节。首先在确定建设区域后,设计人员需对该区域进行空间规划。当面临较为复杂的空间结构和地面状况时,设计人员不仅要考虑建筑区域的坡向,而且需对坡高、斜率等因素做深入分析,整体设计难度较大。对此,设计人员可通过 GIS(地理信息系统)技术进行建设区域相关数据的采集,建立 BIM 三维模型,并将获得的基础性数据纳入模型当中,进行数据资料的矢量标记,然后全方位、多角度地进行数据分析。在完成分析控制后,可开展空间规划和结构设计。从设计过程来看,大量数据的捕获和应用,为建筑空间规划创造了有利条件,尤其是在坡向、坡高、建筑物内部设计中,其能够系统开展视野分析、可视度分析,然后对具体设计的结构内容进行功能调试。这有效地提升了建筑空间设计质量,满足了三维空间规划的实际情况。

(三)建筑结构性能分析

建筑结构设计中,要进一步提升建筑结构的性能,需充分关注各个构件的组合情况,并掌握具体的建设需求,这样能确保建筑结构性能设计的科学性、合理性。依托 BIM 技术开展建筑结构性能设计需要注意以下要素:

第一,建筑结构包含了较多的构件,在具体设计中,应重视这些构件的最优排列,以形成具备较高科学性的建筑结构形式。

第二,在建筑结构设计过程中,设计人员应将有关的性能分析数据列入

BIM 模型当中，然后对这些数据进行分析，获得初步设计结构的性能分析结果，并结合结构性能分析结果对结构中可能存在的问题进行有效分析，找出相应的解决办法。

第三，针对建筑结构性能分析后所进行的二次设计，应再次对其稳定性、抗震能力等性能进行设计，满足工程项目建设要求。

（四）钢结构建模设计

现代工程建设模式下，钢结构建筑的数量逐渐增多。钢结构建筑能有效地满足大空间、大跨度建筑的应用需要，规范开展钢结构设计，对于整个建筑工程行业的稳定发展具有积极作用。钢结构建筑相比于钢筋混凝土建筑在结构设计中具有更大难度：一方面，钢结构的构件布置较为复杂；另一方面，钢结构连接设计的难度较大。依托 BIM 技术开展钢结构设计，能有效地解决实际设计问题，提升钢结构设计质量。在钢结构建筑 BIM 技术设计中，应注重以下要点：

第一，设计人员应首先构建钢结构模型，然后对钢结构的高度进行系统测量，以此来为构件的连接设计提供计算依据。

第二，要实现钢结构建筑内各构件的有效链接。在 BIM 设计中，应注重结构参数的矢量转化，尤其是对于一些重要参数，应在模型上进行标记，减少设计漏洞的产生。

第三，在钢构件设计中，应重视拟建工程要求数据、基础设计参数、构件规格参数的共享，通过这些数据对钢结构连接件数量、距离等参数进行优化分析，这样可确保构件连接的紧密性。

第四，加强件设计是钢结构建筑设计的关键内容。在项目设计中，可以依托 BIM 技术开展钢结构建筑加强件设计，这样不仅能确保加强件位置设计准确，满足实际应用需要，而且能促进加强件职能发挥，提升钢建筑结构设计质量。

（五）建筑结构设计与其他专业协调

采用 BIM 技术开展建筑结构设计时，需要重视结构单元与其他专业的有效协调。一方面，在工程项目设计初期阶段，应合理使用 BIM 技术建立信息共享系统，以此来将涉及的数据、资料纳入 BIM 平台，为不同专业设计工作的开展提供有效参考；另一方面，在具体设计中，一旦其他专业设计人员的内容出现了变化，应对系统数据库进行及时更新，以此来确保各专业设计信息的及时性、准确性。此外，在各专业完成项目内部设计后，应重视设计人员与建筑结构设计的组合，以此来发现设计碰撞问题。在碰撞问题检查中，可通过 BIM 技术直观地展示碰撞的具体情况，规范解决碰撞问题，提升建筑整体设计质量。

三、BIM 技术在具体项目结构设计中的应用

（一）项目概况

某建筑工程为商业综合体建设项目，工程整体设计为钢结构。相比于普通民用建筑，商业综合体项目对于建筑功能的要求较高，为确保建筑使用的稳定性、安全性，本项目高度重视综合体的结构设计。在具体设计中，项目采用 BIM 技术对钢构件各单元开展系统设计。

具体设计中，设计人员搭建三维立体设计平台，在突出钢结构设计重点的基础上，实现其与各单元的衔接，然后在模型处理器的支持下，进行设计模型更新、修改，从而确保设计质量、设计效率的提升。

（二）钢结构项目中 BIM 技术的具体应用

以往钢结构设计存在较大困难，如在 CAD 设计模式下，设计人员虽然能完成钢结构的基本设计，但是其设计容易出现钢结构材料用量超标，结构设计

单位更正，排气、电气设计容易出现误差等问题，这会严重影响工程的建设质量。本商业综合体建设项目设计中，出于提升钢结构建筑设计质量考虑，设计人员依托 BIM 平台开展钢结构的系统设计。在设计中，重点考虑商业综合体项目以往设计时容易出现的难点问题，如在 BIM 三维模型下，设计人员对钢结构的位置、主结构的样子、套筒细节等进行直观化展示，确保了具体设计内容的细化管理。同时，设计人员依托 BIM 对钢结构的复杂节点进行设计，在设计中，将所有的设计信息纳入 BIM 技术平台，然后对钢骨柱和钢骨梁链接结构、钢柱自身纵筋分布情况等要素进行设计。在设计中，所有设计数据均采用矢量表达方式，并要求设计内容可视化展示。此外，结构设计单位与其他单位进行协调、沟通，对设计内容存在碰撞的地方进行检查，有效提升了钢结构设计质量，满足了商业综合体项目结构设计需要。

BIM 技术的应用对于建筑结构设计质量具有较大影响。如今，工程设计人员只有充分认识到 BIM 技术在建筑结构设计中的应用优势，然后深化其在建模、空间规划、性能分析、钢结构设计、专业协调设计中的应用，才能实现 BIM 技术与建筑结构的有效结合，继而提升建筑结构设计质量，促进建筑工程行业的有序发展。

第三章　钢筋混凝土结构材料的物理力学性能

钢筋混凝土是由钢筋和混凝土两种力学性能截然不同的材料组成的复合结构。正确、合理地进行钢筋混凝土结构设计，必须掌握钢筋混凝土结构材料的物理力学性能。钢筋混凝土结构材料的物理力学性能指钢筋混凝土组成材料——混凝土和钢筋各自的强度及变形的规律，以及二者结合组成钢筋混凝土材料后的共同工作性能。这些都是建立钢筋混凝土结构设计计算理论的基础，是学习和掌握钢筋混凝土结构构件工作性能应必备的基础知识。

第一节　混凝土的物理力学性能

一、混凝土强度

混凝土强度是混凝土的重要力学性能，是设计钢筋混凝土结构的重要依据，它直接影响结构的安全性和耐久性。

混凝土的强度是指混凝土抵抗外力产生的某种应力的能力，即混凝土材料达到破坏或开裂极限状态时所能承受的应力。混凝土的强度除受材料组成、养护条件及龄期等因素影响外，还与受力状态有关。

（一）混凝土的抗压强度

混凝土在钢筋混凝土结构中，主要用于承受压力。因而研究混凝土的抗压强度是十分必要的。

试验研究表明，混凝土的抗压强度除受组成材料的性质、配合比、养护环境、施工方法等因素影响外，还与试验方法及试件的尺寸、形状有关。

混凝土抗压强度与试验方法有着密切的关系。如果在试件的表面和压力机的压盘之间涂一层油脂，其抗压强度比不涂油脂的试件低很多，破坏形式也不相同（见图3-1）。

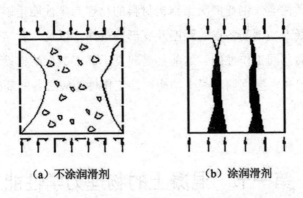

（a）不涂润滑剂 （b）涂润滑剂

图 3-1 混凝土立体试件的破坏形态

未加油脂的试件表面与压力机压盘之间有向内的摩阻力存在，摩阻力像箍圈一样，对混凝土试件的横向变形产生约束，延缓了裂缝的开展，提高了试件的抗压极限强度。当压力达到极限值时，试件在竖向压力和水平摩阻力的共同作用下沿斜向破坏，形成两个对称的角锥形破坏面。如果在试件表面涂抹一层油脂，试件表面与压力机压盘之间的摩阻力大大减小，对混凝土试件横向变形的约束作用几乎没有。最后，试件由于形成了与压力方向平行的裂缝而破坏。所测得的抗压极限强度较不加油脂者低很多。

混凝土的抗压强度还与试件的形状有关。试验表明，试件的高宽比 h/b 越大，所测得的强度越低。当高宽比 $h/b \geq 3$ 时，强度变化就很小了。这反映了试件两端与压力机压盘之间存在的摩阻力，对不同高宽比的试件混凝土横向变形的约束影响程度不同。试件的高宽比 h/b 越大，支端摩阻力对试件中部的横向变形的约束影响程度就越小，所测得的强度也越低。当高宽比 $h/b \geqslant 3$ 时，支端摩阻力对混凝土横向变形的约束作用就影响不到试件的中部，所测得的强度基本上保持一个定值。

此外，试件尺寸对抗压强度也有一定影响。试件尺寸越大，实测强度越低，这种现象称为尺寸效应。一般认为这是由混凝土内部缺陷和试件承压面摩阻力影响等因素造成的。试件尺寸大，内部缺陷（微裂缝、气泡等）相对较多，端部摩阻力影响相对较小，故实测强度较低。根据试验结果，若以 150 mm×150 mm×150 mm 的立方体试件的强度为准，对 200 mm×200 mm×200 mm 的立方体试件的实测强度应乘以尺寸修正系数 1.05；对 100 mm×100 mm×100 mm 的立方体试件的实测强度应乘以尺寸修正系数 0.95。

为此，我们在定义混凝土抗压强度指标时，必须把试验方法、试件形状及尺寸等因素确定下来，在统一基准上建立的强度指标才有可比性。

混凝土抗压强度有两种表示方法：

1.立方体抗压强度

我国各种标准、规范习惯于用立方体抗压强度作为混凝土强度的基本指标，如《公路钢筋混凝土及预应力混凝土桥涵设计规范》（JTG 3362—2018）（以下简称《桥规》）规定立方体抗压强度标准值是指采用按标准方法制作、养护至 28 天龄期的边长为 150 mm 的立方体试件，以标准试验方法（试件支承面不涂油脂）测得的具有95%保证率的抗压强度（以 MPa 计），记为 $f_{cu.k}$。

$$f_{cu.k} = \mu^s_{f150} - 1.645\sigma_{f150} = \mu^s_{f150}(1 - 1.645\delta_{f150}) \qquad (3\text{-}1)$$

式中：$f_{cu.k}$ ——混凝土立方体抗压强度的标准值（MPa）；

μ^s_{f150} ——混凝土立方体抗压强度的平均值（MPa）；

σ_{f150}——混凝土立方体抗压强度的标准差（MPa）；

δ_{f150}——混凝土立方体抗压强度的变异系数，$\delta_{f150} = \sigma_{f150}/u_{f150}^s$。

其数值可按表 3-1 采用。

表 3-1　混凝土强度变异系数

$C_{fcu.k}$	C20	C25	C30	C35	C40	C45	C50	C55	C60
δ_{f150}	0.18	0.16	0.14	0.13	0.12	0.12	0.11	0.11	0.10

《桥规》规定的混凝土强度等级用边长为 150 mm 的立方体抗压强度标准值确定，并冠以 C 表示，如 C30 表示 30 级混凝土。

应该指出，世界各国规范中用以确定混凝土强度等级的试件形状和尺寸不尽相同。有采用立方体试件者，也有采用圆柱体试件者。采用立方体强度划分混凝土强度等级的国家除中国外，还有德国（200 mm 立方体）、俄罗斯（150 mm 立方体）和英国（150 mm 立方体）等；采用圆柱体强度的有美国、日本等。国际预应力协会（Fédération Internationale de la Précontrainte, FIP）制定的相关标准规范亦采用圆柱体强度，试件的尺寸为直径 6 英寸（约为 150 mm），高度 12 英寸（约为 300 mm），其标准强度称为特征强度。根据我国相关试验资料，圆柱体强度与 150 mm 立方体强度之比为 0.83～1.04，平均值为 0.94；但过去我国习惯于按与 200 mm 立方体强度之比为 0.85 进行换算。考虑到新旧规范立方体强度试件尺寸和取值保证率的不同，圆柱体强度与《桥规》规定的 150 mm 立方体强度之比，可近似地按 0.85 换算。公路桥涵受力构件的混凝土强度等级可采用 C20～C80，C50 以下为普通强度混凝土，C50 及以上为高强度混凝土。

公路桥涵混凝土强度等级的选择应按下列规定采用：

第一，钢筋混凝土构件不应低于 C20，当采用 HRB400、KL400 级钢筋配筋时，不应低于 C25。

第二，预应力混凝土构件不应低于 C40。

应该指出，近几年来关于混凝土结构的耐久性问题，引起了国内外的广泛关注，高强度混凝土和高性能混凝土的研究取得了突破性进展。从解决混凝土结构的耐久性的需要出发，采用高性能混凝土、提高混凝土的密实度是十分必要的。另外，由于采用高强度混凝土，减轻了结构的自重，扩大了结构的适用跨度，收到的经济效益也是十分显著的。因此，在混凝土施工技术有保证的前提下，设计时适当地提高混凝土的强度等级是适宜的。

2.柱体抗压强度

用高宽比 $h/b \geqslant 3$ 的柱体试件所测得的抗压强度称为柱体抗压强度（或称轴心抗压强度）。在实际结构中，绝大多数受压构件的高度比其支承面的边长要大得多。所以，采用柱体抗压强度能更好地反映混凝土的实际受力状态。同时，由于试件的高宽比较大（$h/b \geqslant 3$），可摆脱端部摩阻力的影响，所测强度趋于稳定。我国采用 $150\,\mathrm{mm} \times 150\,\mathrm{mm} \times 450\,\mathrm{mm}$ 的柱体作为混凝土轴心抗压试验的标准试件，按与上述立方体试件相同的制作、养护条件和标准试验方法测得的具有 95%保证率的抗压强度称为轴心抗压（或柱体抗压）强度标准值（以 MPa 计），记为 f_{ck}。

我国所进行的柱体抗压强度试验统计平均值 $\mu_{f_c}^s$ 与 $150\,\mathrm{mm}$ 立方体抗压强度试验统计平均值 μ_{f150}^s 呈线性关系：

$$\mu_{f_c}^s = \alpha \mu_{f150}^s \tag{3-2}$$

式中，系数 α 与混凝土强度等级有关，对 C50 及以下混凝土，取 $\alpha = 0.76$；对 C55～C80 混凝土，取 $\alpha = 0.77 \sim 0.82$。

在实际工程中，考虑到构件混凝土与试件混凝土因制作工艺、养护条件、受荷情况和环境条件等不同，取其抗压强度平均换算系数 $\mu_{\Omega_0} = 0.88$，则构件混凝土柱体抗压强度 f_c 的平均值为：

$$\mu_{fc} = \mu_{\Omega_0}\mu_{fc}^s = 0.88\alpha\mu_{f150}^s \tag{3-3}$$

假定构件混凝土柱体抗压强度的变异系数与立方体抗压强度的变异系数相同，则构件混凝土柱体抗压强度标准值为：

$$f_{ck} = \mu_{fc}(1-1.645\delta_{fc}) = 0.88\alpha\mu_{f150}^s(1-1.645\delta_{f150}) = 0.88\alpha f_{cu.k} \tag{3-4}$$

另外，考虑到 C40 以上混凝土具有脆性，按式 3-4 求得的柱体抗压强度标准值尚需乘以脆性折减系数 β，对 C40～C80 混凝土取 $\beta=1.0～0.87$，中间值按直线插入求得。

（二）混凝土抗拉强度

混凝土的抗拉强度是混凝土的基本力学特征之一，其值约为立方体抗压强度的 1/8～1/18。混凝土抗拉强度的测试方法各国不尽相同。中国较多采用的测试方法是用钢模浇筑成型的 100 mm×100 mm×500 mm 的柱体试件，通过预埋在试件轴线两端的钢筋，对试件施加拉力，试件破坏时的平均应力即为混凝土的轴心抗拉强度 f_t^s，如图 3-2 所示。

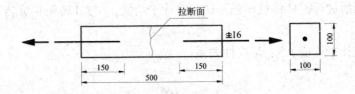

图 3-2　混凝土直接受拉试验

根据我国进行的混凝土直接受拉试验结果，混凝土轴心抗拉强度的试验统计平均值 μ_{ft}^s 与立方体抗压强度的试验统计平均值 μ_{f150}^s 之间的关系为：

$$\mu_{ft}^s = 0.395(\mu_{f150}^s)^{0.55} \tag{3-5}$$

构件混凝土轴心抗拉强度的平均值为：

$$\mu_{ft} = \mu_{\Omega_0}\mu_{ft}^s = 0.88 \times 0.395(\mu_{f150}^s)^{0.55} \qquad (3\text{-}6)$$

构件混凝土轴心抗拉强度的标准值（保证率为95%）为：

$$f_{tk} = \mu_{ft}(1-1.645\delta_{ft}) = 0.88 \times 0.395\left(\mu_{f150}^s\right)^{0.55}(1-1.645\delta_{ft})$$

将　$\mu_{f150}^s = \dfrac{f_{cu.k}}{1-1.045\delta_{f150}}$　代入，并取 $\delta_{ft} = \delta_{f150}$，则得：

$$f_{tk} = 0.88 \times 0.395 f_{cu.k}^{0.55}(1-1.645\delta_{f150})^{0.45} \qquad (3\text{-}7)$$

同样，考虑 C40 以上混凝土的脆性，按式（3-7）求得轴心抗拉强度标准值，亦应乘以脆性系数（$\beta = 1.0 \sim 0.87$）。

值得注意的是，用上述直接受拉试验测定混凝土抗拉强度时，试件的对中比较困难，稍有偏差就可能引起偏心受拉破坏，影响试验结果。因此，目前国外常采用劈裂试验间接测定混凝土抗拉强度。

劈裂试验可用立方体或圆柱体试件进行，在试件上下支承面与压力机压板之间加一条垫条，使试件上下形成对应的条形加载，造成沿立方体中心或圆柱体直径切面的劈裂破坏，如图 3-3 所示。

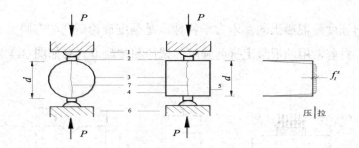

（a）用圆柱体进行劈裂试验　（b）用立方体进行劈裂试验　（c）劈裂面中水平应力分布

1—压力机上压板；2—垫条；3—试件；4—试件浇筑顶面；

5—试件浇筑底面；6—压力机下压板；7—试件破裂线。

图 3-3　混凝土劈裂试验及其应力分布

由弹性力学可知，在上下对称的条形荷载作用下，在试件的竖直中面上，除两端加载点附近的局部区域产生压应力外，其余部分将产生均匀的水平拉应力，当拉应力达到混凝土的抗拉强度时，试件将沿竖直中面产生劈裂破坏。混凝土的劈裂强度可按下式计算：

$$f_t^s = \frac{2P}{\pi dL} \tag{3-8}$$

式中：P——竖向破坏荷载（kN）；

d——圆柱体试件的直径、立方体试件的边长（mm）；

L——试件的长度（mm）。

试验结果表明，混凝土的劈裂强度除与试件尺寸等因素有关外，还与垫条的宽度和材料特性有关。加大垫条宽度可使实测劈裂强度提高，一般认为垫条宽度应不小于立方体试件边长或圆柱体试件直径的 1/10。

国外的大多数试验资料表明，混凝土的劈裂强度略高于轴心抗拉强度。我国的一些试验资料则表明，混凝土的轴心抗拉强度略高于劈裂强度，考虑到国内外对比资料的具体条件不完全相同等原因，加之目前我国尚未建立混凝土劈裂试验的统一标准，通常认为混凝土的轴心抗拉强度与劈裂强度基本相同。

（三）混凝土的抗剪强度

抗剪强度是混凝土的基本力学特性，是强度理论研究和有限元分析的重要数据。目前常用的混凝土抗剪强度的试件和加载方式有如图 3-4 所示的三种情况：

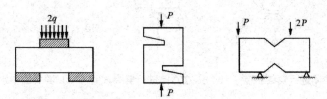

（a）矩形梁双剪面试件　　（b）"Z"形试件　　（c）"8"形试件

图 3-4　混凝土抗剪强度试件及加载方式

混凝土的抗剪强度因试验方法不同，所得结果差异很大，很难在实践中应用。

对于混凝土抗剪强度与抗压、抗拉强度的关系，由理论分析求出纯剪强度公式为：

$$f_v^s = \sqrt{f_c^s f_t^s} \tag{3-9}$$

试验表明，由上式求得的 f_v^s 值偏高，后来修正为：

$$f_v^s = 0.75\sqrt{f_c^s f_t^s} \tag{3-10}$$

式中 f_c^s、f_t^s 分别表示混凝土的轴心抗压和轴心抗拉强度。

近几年，我国学者提出用四点加载的等高度变宽梁进行抗剪强度试验，求得的抗剪强度与立方体抗压强度的关系为：

$$f_v^s = (0.38 \sim 0.42)(f_{cu}^s)^{0.57}$$
$$f_v^s \approx (1.13 \sim 1.04)f_t^s \tag{3-11}$$

（四）复合应力状态下混凝土的强度

在钢筋混凝土结构中，构件通常受到轴力、弯矩、剪力及扭矩等不同内力组合的作用，因此混凝土一般都是处于复合应力状态。在复合应力状态下，混凝土的强度有明显变化。复合应力状态下混凝土的强度是钢筋混凝土结构研究的基本理论问题，但是由于混凝土材料的特点，至今尚未建立起完善的强度理论。目前仍然只是借助有限的试验资料，推荐一些近似计算方法。

1.双向应力状态

对于双向应力状态，即在两个相互垂直的平面上，作用着法向应力 σ_1 和 σ_2，第三平面上应力为零的情况，混凝土强度变化曲线如图 3-5 所示，其强度变化特点如下：

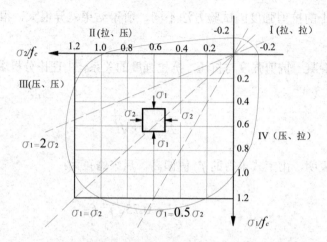

图 3-5　双向应力状态下混凝土强度变化曲线

（1）第一象限为双向受拉区，σ_1 和 σ_2 相互影响不大，即不同应力比值 σ_1/σ_2 下的双向受拉强度均接近单向抗拉强度。

（2）第三象限为双向受压区，大体上是一向的混凝土强度随另一向压力的增加而增加。这是由于一个方向的压应力对另一个方向的压应力引起的横向变形起到一定的约束作用，限制了试件内部混凝土微裂缝的扩展，故而提高了混凝土的抗压强度。双向受压状态下混凝土强度提高的幅度与双向应力比 σ_1/σ_2 有关。当 $\sigma_1/\sigma_2 \approx 2$ 或 0.5 时，双向抗压强度比单向抗压强度提高约 25% 左右；当 $\sigma_1/\sigma_2 = 1$ 时，仅提高 16% 左右。

（3）第二、四象限为拉—压应力状态，此时混凝土的强度均低于单轴受力（拉或压）强度，这是由于两个方向同时受拉、压时，相互助长了试件在另一个方向的受拉变形，加速了混凝土内部微裂缝的发展，使混凝土的强度降低。

2.剪压或剪拉复合应力状态

如果在单元体上，除作用有剪应力 τ 外，在一个面上同时作用有法向应力 σ，即形成剪拉或剪压复合应力状态。从图 3-6 所示的法向应力和剪应力组合时混凝土强度变化曲线可以看出，在剪拉应力状态下，随着拉应力绝对值的增加，混凝土抗剪强度降低，当拉应力约为 $0.1f_c$ 时，混凝土受拉开裂，抗剪强度降低到零。在剪压力状态下，随着压应力的增大，混凝土的抗剪强度逐渐增大，并在压应力达到某一数值时，抗剪强度达到最大值。此后，由于混凝土内部微裂缝的发展，抗剪强度随压应力的增加反而减小，当应力达到混凝土轴心抗压强度时，抗剪强度为零。

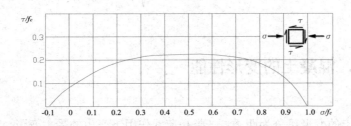

图 3-6 法向应力和剪应力组合时混凝土强度变化曲线

3.三向受压应力状态

在钢筋混凝土结构中，为了进一步提高混凝土的抗压强度，常采用横向钢筋约束混凝土变形。例如，螺旋箍筋柱和钢管混凝土等都是用螺旋形箍筋和钢管来约束混凝土的横向变形，使混凝土处于三向受压应力状态，从而使混凝土强度有所提高。

试验研究表明，混凝土三向受压时，最大主压应力轴的极限强度有很大程度的增长，其变化规律随其他两侧向应力的比值和大小而异。常规三向受压是两侧等压，最大主压应力轴的极限强度随侧向压力的增大而提高。

混凝土圆柱体三向受压的轴向抗压强度与侧压力之间的关系可用下列经验公式表示：

$$f_{cc} = f_c + K\sigma_r \qquad (3\text{-}12)$$

式中：f_{cc}——三向受压时的混凝土轴向抗压强度（Mpa）；

f_c——单向受压时混凝土柱体抗压强度（Mpa）；

σ_r——侧向压应力（Mpa）；

K——侧向应力系数，侧向压力较低时，其数值较大，为简化计算，可取为常数。较早的试验资料给出 $K=4.1$，后来的试验资料给出 $K=4.5\sim7.0$。

根据近年来的大量试验资料，特别是在高侧压下的试验资料，中国学者蔡绍怀建议采用下列公式：

$$f_{cc} = f_c(1+1.5\sqrt{\frac{\sigma_r}{f_c}}+2\frac{\sigma_r}{f_c}) \qquad (3\text{-}13)$$

二、混凝土的变形性能

混凝土的变形可分为两类：一类是荷载作用下产生的受力变形，其数值和变化规律与加载方式及荷载作用持续时间有关，包括单调短期加载、多次重复加载以及荷载长期作用下的变形等；另一类是体积变形，包括混凝土收缩、膨胀和由于温度、湿度变化产生的变形。

（一）混凝土在一次短期加载时的应力-应变曲线

混凝土受压的应力-应变曲线，如图 3-7 所示，通常采用 $h/b=3\sim4$ 的棱柱体试件来测定。

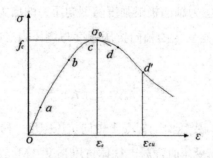

图 3-7　实测的混凝土受压应力-应变曲线

从试验分析得知：

（1）当应力小于其极限强度 30%～40%（a 点）时，应力-应变关系接近直线。

（2）当应力继续增大时，应力-应变曲线就逐渐向下弯曲，呈现出塑性性质。当应力增大到接近极限强度的 80% 左右（b 点）时，应变增加得更快。

（3）当应力达到极限强度（c 点）时，试件表面出现与压力方向平行的纵向裂缝，试件开始破坏，这时达到的最大应力 σ_0 称为混凝土轴心抗压强度 f_c，相应的应变为 ε_0，一般为 0.002 左右。

（4）试件在普通材料试验机上进行抗压试验时，达到最大应力后试件就立即崩碎，呈脆性破坏特征，所得的应力-应变曲线如图 3-7 中的 $Oabcd$ 段，下降段曲线 cd 无一定规律。这种突然性破坏是由于试验机的刚度不足所造成的，因为试验机在加载过程中产生变形，试件受到试验机的冲击而急速破坏。

（5）如果在普通压力机上用高强弹簧（或油压千斤顶）与试件共同受压，用以吸收试验机内所积蓄的应变能，防止试验机的回弹对试件的冲击造成的突然破坏，到达最大应力后，随试件变形的增大，高强弹簧承受的压力所占的比例增大，对试件起到卸载作用，使试件受到的压力稳定下降，就可以测出混凝土的应力-应变全过程曲线，如图 3-7 中的 $Oabcd'$。曲线中 Oc 段称为上升段，cd' 段称为下降段。相应于曲线末端的应变称为混凝土的极限压应变 ε_{cu}，ε_{cu} 越大，表示塑性变形能力越大，也就是延性越好。

混凝土受压时应力-应变曲线的形态与混凝土强度等级和加载速度等因素有关。

图 3-8 所示为不同强度等级混凝土的应力-应变曲线。不同强度等级混凝土的应力-应变曲线有着相似的形态，但也有实质性区别。试验结果表明，随着混凝土强度等级的提高，相应的峰值应变 ε_0 也略有增加，曲线的上升段形状相似，但下降段的形状有明显不同。强度等级较低的混凝土下降段较长，顶部较平缓；强度等级较高的混凝土下降段顶部陡峭，曲线较短。这表明强度等级低的混凝土受压时的延性比强度等级高的要好。

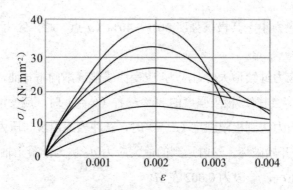

图 3-8　不同强度等级混凝土的应力-应变曲线

　　图 3-9 所示为相同强度等级的混凝土在不同应变速度下的应力-应变曲线。加荷速度影响混凝土应力-应变曲线的形状。应变速度越大，下降段越陡，反之，下降段要平缓些。

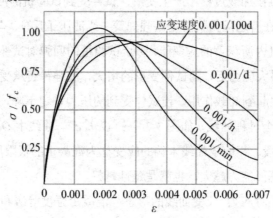

图 3-9　相同强度等级混凝土在不同应变速度下的应力-应变曲线

（二）混凝土受压应力-应变曲线的数学模型

　　混凝土的应力-应变曲线是混凝土力学特征的一个重要方面，是研究和建立混凝土结构强度、裂缝和变形计算理论，进行结构全过程分析的必要依据。国内外很多学者对混凝土应力-应变曲线进行了大量研究，并试图在试验研究的基础上，建立混凝土应力-应变曲线数学模型，也给出了一些经验公式。下面仅介绍两种国内外采用最广泛的模式。

1. 美国 E. Hognestad 建议的模型

该模型的上升段为二次抛物线，下降段为斜直线，如图 3-10 所示。

当 $\varepsilon_c \leqslant \varepsilon_o$ 时（上升段）：

$$\sigma_c = \sigma_o \left[2\frac{\varepsilon_c}{\varepsilon_o} - \left(\frac{\varepsilon_c}{\varepsilon_o}\right)^2 \right] \tag{3-14}$$

当 $\varepsilon_o < \varepsilon_c \leqslant \varepsilon_{cu}$ 时（下降段）：

$$\sigma_c = \sigma_o \left(1 - 0.15\frac{\varepsilon_c - \varepsilon_o}{\varepsilon_{cu} - \varepsilon_o}\right) \tag{3-15}$$

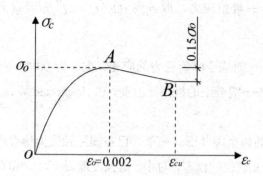

图 3-10 E. Hognestad 建议的混凝土应力-应变曲线

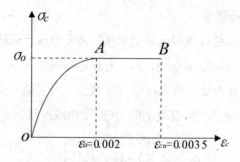

图 3-11 Rüsch 建议的混凝土应力-应变曲线

2.德国 Rüsch 建议的模型

该模型的上升段与 E. Hognestad 建议的模型相同，但下降段采用水平线，如图 3-11 所示。

当 $\varepsilon_c \leqslant \varepsilon_o$ 时（上升段）：

$$\sigma_c = \sigma_o\left[2\frac{\varepsilon_c}{\varepsilon_o} - \left(\frac{\varepsilon_c}{\varepsilon_o}\right)^2\right] \qquad (3\text{-}16)$$

当 $\varepsilon_o < \varepsilon_c \leqslant \varepsilon_{cu}$ 时（水平段）：

$$\sigma_c = \sigma_o \qquad (3\text{-}17)$$

式中： σ_o——峰值应力，取 $\sigma_o = 0.85f_c'$， f_c' 为混凝土圆柱体抗压强度（Mpa）；

ε_o——对应于峰值应力的应变，取 $\varepsilon_o = 0.002$；

ε_{cu}——混凝土的极限压应变，E. Hognestad 取 $\varepsilon_{cu} = 0.003\ 8$，Rüsch 取 $\varepsilon_{cu} = 0.003\ 5$。

Rüsch 建议的模型因其形式简单，已被国际预应力协会所采用。我国采用较多的也是 Rüsch 建议的模型，对中、低强度混凝土，$\varepsilon_o = 0.002$，$\varepsilon_{cu} = 0.003\ 3$，并将峰值应力 $\varepsilon_o = 0.85f_c'$ 按中国混凝土强度标准进行换算，大致相当于 $\sigma_o = f_c$，f_c 为混凝土轴心抗压强度。

近年来开展的高强度混凝土研究表明，随着混凝土强度的提高，混凝土受压时的应力应变曲线将逐渐变化，其上升段近似线性关系，对应峰值应力的应变稍有提高，下降段变陡，极限应变有所减少。为了综合反映低、中强度混凝土及高强度混凝土特征，将混凝土应力-应变曲线改写为下列通用式：

$$\sigma_c = f_{cd}\left[1 - \left(1 - \frac{\varepsilon_c}{\varepsilon_o}\right)^n\right] \qquad (3\text{-}18)$$

当 $\varepsilon_o \leq \varepsilon_c \leq \varepsilon_{cu}$ 时（水平段）：

$$\sigma_c = f_{cd} \tag{3-19}$$

根据国内 64 根高强度混凝土偏心受压试验结果，给出的 n、ε_o 和 ε_{cu} 值为：

$$n = 2 - \frac{1}{60}\left[f_{cu.k} - 50\right] \tag{3-20}$$

$$\varepsilon_o = 0.002 + 0.5\left[f_{cu.k} - 50\right] \times 10^{-5} \tag{3-21}$$

$$\varepsilon_{cu} = 0.0033 - \left[f_{cu.k} - 50\right] \times 10^{-5} \tag{3-22}$$

式中：σ_c——混凝土应变为 ε_c 时的混凝土压应力（Mpa）；

f_{cd}——混凝土轴心抗压强度设计值（Mpa）；

ε_o——混凝土压应力达到 f_{cd} 时的混凝土压应变，当按式（3-21）计算的 ε_o 值小于 0.002 时，应取 0.002；

ε_{cu}——正截面处于非均匀受压时混凝土极限压应变，按式（3-22）的 ε_{cu} 值大于 0.003 3 时，应取 0.003 3；正截面处于轴心受压时的混凝土极限压应变应取 0.002；

$f_{cu.k}$——混凝土的立方体抗压强度标准值（Mpa）；

n——系数，当按式（3-20）计算的 n 值大于 2.0 时，应取 2.0。

（三）混凝土的变形模量

在钢筋混凝土结构的内力分析及构件的变形计算中，混凝土的弹性模量是不可缺少的基础资料之一。前文已指出混凝土的应力-应变关系是一条曲线，只是在应力较小时才接近于直线，因此在不同的应力阶段反映应力-应变关系的变形模量是一个变数。

图 3-12 所示为混凝土应力-应变的典型曲线，图中 ε_c 为当混凝土压应力为

σ_c 时的总应变，其中包括弹性应变和塑性应变两部分，即：

$$\varepsilon_c = \varepsilon_{ela} + \varepsilon_{pla} \qquad (3\text{-}23)$$

式中：ε_{ela}——混凝十的弹性应变；

ε_{pla}——混凝土的塑性应变。

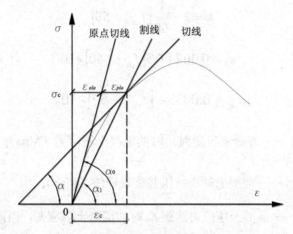

图 3-12   混凝土变形模量的表示方法

混凝土的变形模量有以下三种表示方法：

1.原点弹性模量，简称弹性模量 E_c

混凝土的弹性模量相当于应力-应变图上，过原点所作的切线的斜率（正切值），其表达式为：

$$E_c = \sigma_c \Big/ \varepsilon_{ela} = \tan \alpha_0 \qquad (3\text{-}24)$$

式中，α_0 为应力-应变图原点处的切线与横坐标轴的夹角（°）。

2.割线模量 E_c'

混凝土的割线模量相当于应力-应变图上连接原点至任意应力 σ_c 相对应的曲线点处割线的斜率（正切值），其表达式为：

$$E_c' = \sigma_c \Big/ \varepsilon_c = \tan \alpha_1 \qquad (3\text{-}25)$$

式中：α_1——应力 σ_c 处的割线与横坐标轴的夹角（°）。

由于总应变 ε_c 中包含弹性应变 ε_{ela} 和塑性应变 ε_{pla} 两部分，由此所确定的模量又称为弹塑性模量。

混凝土的割线模量与弹性模量的关系，可由下式求得：

$$E'_c = \frac{\sigma_c}{\varepsilon_c} = \frac{\varepsilon_{ela}}{\varepsilon_c} \cdot \frac{\sigma_c}{\varepsilon_{ela}} = \gamma E_c \qquad (3\text{-}26)$$

式中，$\gamma = \varepsilon_{ela}/\varepsilon_c$ 为弹性应变与总应变的比值，称为弹性特征系数。

显然，式（3-26）给出的混凝土割线模量 E'_c 不是常数，弹性特征系数 γ 与应力大小有关。应力较小时，弹性应变所占总应变的比重较大，γ 值接近于 1；应力增大时，塑性应变加大，γ 值逐渐减小。试验资料给出，当 $\sigma_c = 0.5 f_c$ 时，$\gamma = 0.8 \sim 0.9$；当 $\sigma_c = 0.9 f_c$ 时，$\gamma = 0.4 \sim 0.8$。此外，γ 值还与混凝土的强度等级有关，混凝土强度等级越高，γ 值越大，弹性特征越显著，塑性性能越差。

3.切线模量 E''_c

混凝土的切线模量相当于应力-应变曲线上某一应力 σ_c 处所作切线的斜率（正切值），即应力增量与应变增量的比值，其表达式为

$$E''_c = d\sigma_c/d\varepsilon_c = \tan \alpha \qquad (3\text{-}27)$$

式中：α——某点应力 σ_c 处的切线与横坐标轴的夹角（°）。

由于混凝土塑性变形的发展，混凝土的切线模量也是一个变数，它随着混凝土的应力增大而减小。

在实际工作中应用最多的还是原点弹性模量，即弹性模量。按照原点弹性模量的定义，直接在应力-应变曲线的原点作切线，找出 α_0 角是很不精确的。目前各国对弹性模量的试验方法尚没有统一的标准。我国的通用做法是对棱柱体试件先加荷至 $\sigma_c = 0.5 f_c$，然后卸荷至 0，再重复加荷卸荷 5～10 次，

基本上可以消除大部分塑性变形，于是应力-应变曲线接近于直线，这条直线的斜率即是规范中所规定的混凝土弹性模量，它比原点弹性模量小，但比割线模量大。

按照上述方法，对不同强度等级的混凝土测得的弹性模量，经统计分析得下列经验公式：

$$E_c = \frac{10^5}{2.2 + \dfrac{34.74}{f_{cu.k}}} \quad (\text{Mpa}) \tag{3-28}$$

式中：$f_{cu.k}$——混凝土立方体抗压强度标准值（Mpa）。

试验表明，混凝土的受拉弹性模量与受压弹性模量大体相等，其比值平均值为 0.995。计算中受拉和受压弹性模量可取同一值。

混凝土的剪变模量很难用试验方法确定。一般是根据弹性理论分析公式，由实测的弹性模量 E_c 和泊松比 ν_c 按下式确定：

$$G_c = \frac{E_c}{2(1 + \nu_c)} \tag{3-29}$$

式中：ν_c——混凝土的泊松比，即混凝土横向应变与纵向应变之比。

试验研究表明，混凝土的泊松比 ν_c 随应力大小而变化，并非是常数。但是在应力不大于 $0.5 f_c$ 时，可以认为 ν_c 为一定值。《桥规》规定混凝土的泊松比 $\nu_c = 0.2$。

当取泊松比 $\nu_c = 0.2$ 时，由式（3-29）求得 $G_c = 0.417 E_c$，《桥规》规定混凝土的剪变模量 $G_c = 0.4 E_c$。

（四）混凝土在重复荷载作用下的应力-应变曲线

混凝土在多次重复荷载作用下，其应力、应变性质和短期一次加载情况有显著不同。由于混凝土是弹塑性材料，初次卸载至应力为零时，应变不可能全部恢复。可恢复的那部分称为弹性应变 ε_e，弹性应变包括卸载时瞬时恢复的应变和卸载后弹性后效两部分，不可恢复的部分称为残余应变，如图 3-13（a）所示，因此在一次加载卸载过程中，混凝土的应力-应变曲线形成一个环状。

混凝土在多次重复荷载作用下的应力-应变曲线，如图 3-13（b）所示。当加载应力相对较小（一般认为 σ_1 或 $\sigma_2 < 0.5f_c$）时，随着加载卸载重复次数的增加，残余应变会逐渐减小，一般重复 5～10 次后，加载和卸载应力-应变曲线环就越来越闭合，并接近一直线，混凝土呈现弹性工作性质。

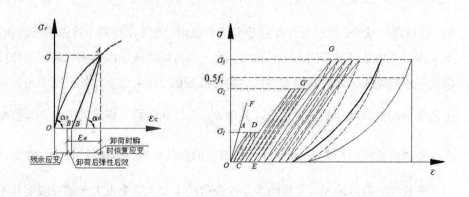

　　（a）一次加载 δ-ε 曲线　　　　　　（b）多次重复加载 δ-ε 曲线

图 3-13　混凝土在重复荷载作用下的应力-应变曲线

如果加载应力超过某一个限值（$\sigma_3 \geqslant 0.5f_c$，但仍小于 f_c）时，经过几次重复加载卸载，应力-应变曲线就变成直线，再经过多次重复加载卸载后，应力-应变曲线出现反向弯曲，逐渐凸向应变轴，斜率变小，变形加大，重复加载卸载到一定次数时，混凝土试件将因严重开裂或变形过大而破坏，这种因荷载多次重复作用而引起的破坏称为疲劳破坏。

桥梁工程中，通常要求能承受 200 万次以上反复荷载不得产生疲劳破坏，这一强度称为混凝土的疲劳强度 f_c^f ，一般取 $f_c^f \approx 0.5 f_c$ 。

（五）混凝土在荷载长期作用下的变形性能

在不变的应力长期持续作用下，混凝土的变形随时间而不断增长的现象，称为混凝土的徐变。混凝土的徐变对结构构件的变形、承载能力以及预应力钢筋的应力损失都将产生重要的影响。

图 3-14 所示为混凝土棱柱体试件徐变的试验曲线，试件加载至应力达 $0.5 f_c$ 时，保持应力不变。由图可见，混凝土的总应变由两部分组成，即加载过程中完成的瞬时应变 ε_{ela} 和荷载持续作用下逐渐完成的徐变 ε_{cr} 。徐变开始增长较快，以后逐渐减慢，经过长时间后基本趋于稳定。通常在前四个月内增长较快，半年内可完成总徐变量的 70%～80%，第一年内可完成 90%左右，其余部分持续几年才能完成。最终总徐变量约为瞬时应变的 2～4 倍。此外，图中还表示了两年后卸载时应变的恢复情况，其中 ε'_{ela} 为卸载时瞬时恢复的应变，其值略小于加载时的瞬时应变 ε_{ela} ， ε''_{ela} 为卸载后的弹性后效，即卸载后经过 20 天左右又恢复的一部分应变，其值约为总徐变量的 1/12，其余很大一部分应变是不可恢复的，称为残余应变 ε'_{cr} 。

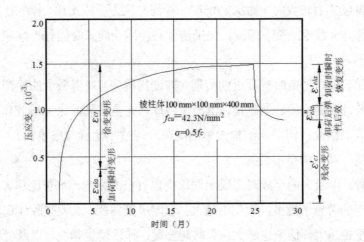

图 3-14　混凝土的徐变（加载卸载应变与时间关系曲线）

关于徐变产生的原因，目前尚无统一的解释，通常可这样理解：一是混凝土中水泥凝胶体在荷载作用下产生黏性流动，并把它所承受的压力逐渐转给骨料颗粒，使骨料压力增大，试件变形也随之增大；二是混凝土内部的微裂缝在荷载长期作用下不断发展和增加，也使应变增大。当应力不大时，徐变的发展以第一种原因为主；当应力较大时，徐变的发展以第二种原因为主。

影响混凝土徐变的因素很多，除了受材料组成及养护和使用环境条件等客观因素影响外，从结构角度分析，持续应力的大小和受荷时混凝土的龄期（即硬化强度）是影响混凝土徐变的主要因素。

试验表明，混凝土的徐变与持续应力的大小有着密切关系，持续应力越大徐变也越大。当持续应力较小时（例如 $\sigma_c < 0.5f_c$），徐变与应力成正比，这种情况称为线性徐变。通常将线性徐变用徐变系数 $\phi_{(t,t_o)}$ 乘以瞬时应变（即弹性应变）ε_{ela} 表示：

$$\varepsilon_{cr} = \phi_{(t,t_o)} \cdot \varepsilon_{ela} \qquad (3\text{-}30)$$

式中：$\phi_{(t,t_o)}$——加载龄期为 t_o，计算考虑的龄期为 t 时的徐变系数终极值。

当持续应力较大时（如 $\sigma_c > 0.5f_c$），徐变与应力不成正比，徐变比应力增长更快，称为非线性徐变。因此，如果构件在使用期间长时间处于高应力状态是不安全的。

试验表明，受荷时混凝土的龄期（即硬化程度）对混凝土的徐变有重要影响。受荷时混凝土的龄期越短，混凝土中尚未完全结硬的水泥凝胶体越多，徐变也越大。因此，混凝土结构过早地受荷（即过早地拆除底模板），将产生较大的徐变，对结构是不利的。

此外，混凝土的组成对混凝土的徐变也有很大影响。水灰比越大，水泥水化后残存的游离水越多，徐变也越大；水泥用量越多，水泥凝胶体在混凝土中所占比重也越大，徐变也越大；骨料越坚硬，弹性模量越高，以及骨料所占体积比越大，则由水泥凝胶体流动后转给骨料的压力所引起的变形也越小。

外部环境对混凝土的徐变亦有重要影响。养护环境湿度越大，温度越高，水泥水化作用越充分，则徐变就越小。混凝土在使用期间处于高温、干燥条件下所产生的徐变比低温、潮湿环境下明显增大。此外，由于混凝土中水分的挥发逸散与构件的体积与表面积比有关，这些因素都对徐变有所影响。

（六）混凝土的收缩和膨胀

混凝土在空气中结硬时其体积会缩小，这种现象称为混凝土的收缩；混凝土在水中结硬时体积会膨胀，称为混凝土的膨胀。一般说来，混凝土的收缩值比膨胀值大得多。

混凝土产生收缩的原因，一般认为是由水泥凝胶体本身的体积收缩（凝缩）以及混凝土因失水产生的体积收缩（干缩）共同造成的。

图 3-15 所示为混凝土自由收缩的试验曲线。由图可见收缩应变也是随时间而增长的。结硬初期收缩应变发展很快，以后逐渐减慢，整个收缩过程可延续两年左右。蒸汽养护时，由于高温高湿条件能加速混凝土的凝结和结硬过程，减少混凝土的水分蒸发，因而混凝土的收缩值要比常温养护时小。一般情况下，混凝土的收缩应变终值约为 $(2 \sim 5) \times 10^{-4}$。

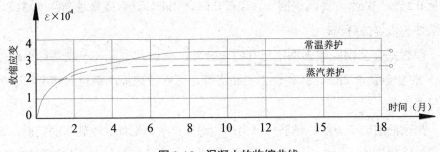

图 3-15 混凝土的收缩曲线

影响混凝土收缩的因素很多，如混凝土的组成、外部环境等因素对收缩和徐变有类似的影响。

当混凝土受到各种制约不能自由收缩时，将在混凝土中产生拉应力，甚至导致混凝土产生收缩裂缝。在钢筋混凝土构件中，钢筋因受到混凝土收缩影响产生压应力，而混凝土则产生拉应力，如果构件截面配筋过多，构件就可能产生收缩裂缝。在预应力混凝土构件中，混凝土收缩将引起预应力损失。收缩对某些钢筋混凝土超静定结构也将产生不利影响。

第二节 钢筋的物理力学性能

一、钢筋的成分、级别、品种

钢筋混凝土结构所采用的钢筋按其化学成分，可为碳素钢及普通低合金钢两大类。

碳素钢除了铁、碳两种基本元素外，还含有少量硅、锰、硫、磷等元素。根据含碳量的多少碳素钢又可分为低碳钢（含碳量低于 0.25%）、中碳钢（含碳量 0.25%～0.6%）及高碳钢（含碳量 0.6%～1.4%）。含碳量越高强度越高，但塑性和可焊性降低。

普通低合金钢除碳素钢中已有的成分外，再加入少量（一般总量不超过3%）的合金元素如硅、锰、钛、钒和铬等，可有效地提高钢材的强度和改善钢材的性能。

按钢筋的加工方法，钢筋可分为热轧钢筋、冷拉钢筋、冷轧带肋钢筋、热处理钢筋和钢丝五大类。用于钢筋混凝土桥梁结构的钢筋主要为热轧钢筋、碳素钢丝和精轧螺纹钢筋等三大类。

热轧钢筋是将钢材在高于再结晶温度状态下，用机械方法轧制成的不同外形的钢筋。

热轧钢筋按外形可分为光面钢筋和带肋钢筋两大类。

光面钢筋的强度等级代号为 R235，相当于原标准的Ⅰ级钢筋，厂家生产的公称直径范围为 8～20 mm。R235 钢筋属于低碳钢，其强度较低，但塑性和可焊性能较好，广泛用于钢筋混凝土结构中。

带肋钢筋按强度分为 HRB335、HRB400 和 KL400 三个等级。HRB335 钢筋相当于原标准的Ⅱ级钢筋，厂家生产的公称直径范围为 6～50 mm，推荐采用直径一般不超过 32 mm。HRB335 钢筋属于普通低合金钢，强度、塑性和可焊性等综合性能都比较好，钢筋表面带肋与混凝土黏结性能也较好。HRB400 和 KL400 钢筋相当于原标准的Ⅲ级钢筋。其中 HRB400 公称直径范围为 6～50 mm，KL400 公称直径范围为 8～40 mm。

碳素钢丝又称高强钢丝，一般是将热轧 $\phi 8$ 高碳钢盘条加热到 850～950 ℃，并在 500～600 ℃的铅浴中淬火，使其具有较高的塑性，然后再经酸洗、镀铜、拉拔、矫直、回火、卷盘等工艺生产而得。

碳素钢丝具有强度高、无须焊接、使用方便等优点，广泛应用于预应力混凝土结构。

碳素钢丝按其外形分为光面钢丝、螺旋肋钢丝和刻痕钢丝等三种类型：

光面钢丝一般以多根钢丝组成钢丝束或由若干根钢丝扭结成钢绞线的形

式应用。桥梁工程中常用的钢绞线有：1×2（二股）、1×3（三股）、1×7（七股）。其中，采用最多的是七股钢绞线，由于组成钢绞线的钢丝直径不同，其公称直径为 9.5 mm、11.1 mm、12.7 mm 和 15.2 mm 四种规格。钢绞线截面集中，盘卷运输方便，与混凝土黏结性能良好，现场配束方便，是预应力混凝土桥梁广泛采用的钢筋。

螺旋肋钢丝和刻痕钢丝，与混凝土之间的黏结性能好，适用于先张法预应力混凝土结构，目前中国生产的螺旋肋钢丝和刻痕钢丝的规格为 $d=4\sim9$ mm。

精轧螺纹钢筋是高强度钢筋，供货规格有 $d=18$ mm、25 mm、32 mm 和 40 mm 四种。精轧螺纹钢的强度较高，主要用于中小跨径的预应力混凝土桥梁构件。

此外，冷轧带肋钢筋和冷轧扭钢筋是近年来在建筑工程中应用的新钢种。冷轧带肋钢筋是用热轧圆盘条经冷轧或冷拔减径后，冷轧成的表面有肋的钢筋。冷轧带肋钢筋按抗拉强度分为三个等级：LL550、LL650 和 LL800。LL550 的供应规格为 $d=4\sim12$ mm，LL650 的供应规格为 $d=4\sim6$ mm，LL800 的供应规格为 $d=5$ mm。冷轧扭钢筋是用低碳钢轧圆盘条经专用钢筋冷轧扭机调直、冷轧并冷扭一次成型，具有规定截面形状和节距的连续螺旋状钢筋。按原材料（母材）冷扭前的截面形状，冷轧扭钢筋分为 I 型和 II 型两种类别：I 型冷扭前为矩形截面，按标志直径（即冷扭前的公称直径）分为 6.5 mm、8.0 mm、10.0 mm、12.0 mm 和 14.0 mm 等五种规格，冷扭后的等效直径相应为 6.1 mm、7.6 mm、9.2 mm、10.9 mm 和 13.0 mm；II 型冷扭前为菱形截面，标志直径为 12.0 mm，冷扭后的等效直径为 11.2 mm。冷轧扭钢筋的抗拉强度标准值 $f_{sk}\geqslant$ 580 MPa。

二、钢筋的强度和变形

（一）钢筋的应力-应变曲线

根据钢筋在单调受拉时的应力-应变曲线特点，可将钢筋分为有明显屈服点和无明显屈服点两类。

1.有明显屈服点的钢筋应力-应变曲线

一般热轧钢筋属于有明显屈服点的钢筋，工程上习惯称为软钢，其拉伸试验的典型应力-应变曲线如图 3-16 所示。

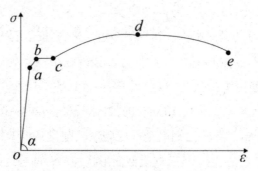

图 3-16   有明显屈服点的钢筋应力-应变曲线

从图 3-16 可以看出，软钢从加载到拉断，共经历四个阶段。自开始加载至应力达到 a 点以前，应力-应变呈线性关系，a 点应力称为比例极限，oa 段属于弹性工作阶段；过 a 点后，应变的增长速度略快于应力增长速度，应力达到 b 点后，钢筋进入屈服阶段，产生很大的塑性变形，在应力-应变图上呈现一水平段，称为屈服台阶或流幅，b 点应力称为屈服强度或流限；过 c 点后，钢筋应力开始重新增长，应力-应变关系表现为上升的曲线，曲线最高点 d 的应力称为极限抗拉强度，曲线 cd 段通常称为强化阶段；超过 d 点后，在试件内部某个薄弱部分，截面将突然急剧缩小，发生局部颈缩现象，应力-应变关系呈下降曲线，应变继续增加，直到 e 点试件断裂，e 点所对应的应变称为钢筋极限拉应变，曲线 de 段称为破坏阶段。

有明显屈服点的钢筋有两个强度指标：一个是 b 点所对应的屈服强度，另一个是 d 点对应的极限强度。工程上取屈服强度作为钢筋强度取值的依据，因为钢筋屈服后产生了较大的塑性变形，将使构件变形和裂缝宽度大大增加，以致无法使用。钢筋的极限强度是钢筋的实际破坏强度，不能作为设计中钢筋强度取值的依据。

　2.无明显屈服点的钢筋应力-应变曲线

各种类型的钢丝属于无明显屈服点的钢筋，工程上习惯称为硬钢。硬钢拉伸试验时的典型应力-应变曲线如图 3-17 所示。

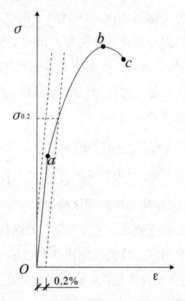

图 3-17　无明显屈服点的钢筋应力-应变曲线

从图 3-17 可以看出，在应力达到比例极限 a 点（约为极限强度的 0.65 倍）之前，应力-应变关系按直线变化，钢筋具有明显的弹性性质。超过 a 点之后，钢筋表现出越来越明显的塑性性质，但应力、应变均持续增长，应力-应变曲线无明显的屈服点，到达极限抗拉强度 b 点后，同样出现钢筋的颈缩现象，应力-应变曲线表现为下降段，至 c 点钢筋被拉断。

无明显屈服点的钢筋（硬钢）只有一个强度指标，即 b 点所对应的极限抗拉强度。在工程设计中，极限抗拉强度不能作为钢筋强度取值的依据，一般取残余应变为 0.2%所对应的应力$\sigma_{0.2}$作为无明显屈服点钢筋的强度限值，通常称为条件屈服强度。对高强钢丝，条件屈服强度相当于极限抗拉强度的 0.85 倍。

3.钢筋应力-应变曲线的数学模型

在钢筋混凝土结构设计和理论分析中，常需将钢筋的应力-应变曲线理想化，对不同性质的钢筋建立不同的应力-应变曲线数学模型

（1）双直线模型（完全弹塑性模型）

将钢筋视为理想的弹塑性体，应力-应变曲线简化为两根直线，不考虑由于应变硬化而增加的应力，如图 3-18（a）所示。图中 OB 段为完全弹性阶段，B 点为屈服上限，相应的应力及应变分别为f_y和ε_y，弹性模量E_s即为 OB 段的斜率；BC 段为完全塑性阶段，C 点为应力强化的起点，对应的应变为ε_{sh}。过 C 点后，钢筋变形过大不能正常使用。此模型适用于屈服台阶宽度较长、强度等级较低的软钢，其数学表达式为：

$$\left.\begin{array}{l} \text{当}\varepsilon_s \leqslant \varepsilon_y\text{时，取}\sigma_s = E_s\varepsilon_s \\ \text{当}\varepsilon_y \leqslant \varepsilon_s \leqslant \varepsilon_{sh},\ \text{取}\sigma_s = f_y \end{array}\right\} \tag{3-31}$$

（2）三折线模型（完全弹塑性加硬化模型）

对于屈服后立即发生应变硬化（应力强化）的钢材，为了正确地估计高出屈服应变后的应力，可采用三折线模型如图 3-18（b）所示。图中 OB 段为完全弹性阶段，BC 段为完全塑性阶段，C 点为硬化的起点，CD 段为硬化阶段，到 D 点时拉应力达到极限值f_{su}，相应的应变为ε_{su}，即认为钢筋被破坏。三折线模型适用于屈服台阶长度较短的软钢，其数学表达式为：

$$\left.\begin{array}{l} \text{当}\varepsilon_s \leqslant \varepsilon_y\text{时，取}\sigma_s = E_s\varepsilon_s \\ \text{当}\varepsilon_y \leqslant \varepsilon_s \leqslant \varepsilon_{sh},\ \text{取}\sigma_s = f_y \\ \text{当}\varepsilon_{sh} \leqslant \varepsilon_s \leqslant \varepsilon_{su}\text{时，取}\sigma_s = f_y + (\varepsilon_s - \varepsilon_{sh})\tan\theta' \end{array}\right\} \tag{3-32}$$

式中：$\tan\theta' = E_s' = 0.01E_s$。

（3）双斜线模型

对于无明显屈服点的高强钢筋或钢丝，应力-应变曲线可采用双斜线模型如图 3-18（c）所示。图中 B 点为条件屈服点，C 点的应力达到极限值 f_{su}，相应的应变为 ε_{su}。双斜线模型的数学表达式为：

$$\left.\begin{array}{l} 当 \varepsilon_s \leqslant \varepsilon_y 时，取 \sigma_s = E_s \varepsilon_s \\ 当 \varepsilon_{sh} \leqslant \varepsilon_s \leqslant \varepsilon_{su} 时，取 \sigma_s = f_y + (\varepsilon_s - \varepsilon_{sh}) \tan \theta'' \end{array}\right\} \tag{3-33}$$

式中，$\tan \theta'' = E_S'' = (f_{su} - f_y)/(\varepsilon_{su} - \varepsilon_y)$。

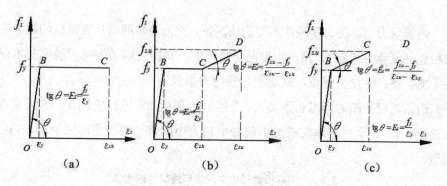

图 3-18　钢筋应力-应变曲线的数学模型

（二）钢筋的塑性性能

钢筋除应具有足够的强度外，还应具有一定的塑性变形能力。钢筋的塑性性能通常用延伸率和冷弯性能两个指标来衡量。

钢筋延伸率是指钢筋试件上标距为 $10d$ 或 $5d$（d 为钢筋试件直径）范围内的极限伸长率，记为 δ_{10} 或 δ_5。钢筋的延伸率越大，表明钢筋的塑性越好。

冷弯是将直径为 d 的钢筋围绕某个规定直径 D（规定直径 D 为 $1d$、$2d$、$3d$、$4d$、$5d$）的辊轴弯曲成一定的角度（90°或180°），如图 3-19 所示，弯曲后钢筋应无裂纹、鳞落或断裂现象。弯芯（辊轴）的直径越小，弯转角越大，说明钢筋的塑性越好。

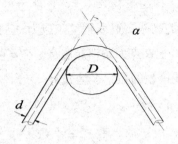

图 3-19　钢筋的冷弯

（三）钢筋的松弛

钢筋受力后，在长度保持不变的情况下，应力随时间增长而降低的现象称为松弛（又称为徐舒）。预应力混凝土结构中，预应力钢筋张拉后长度基本保持不变，将产生松弛现象，从而引起预应力损失。

钢筋的松弛随时间增长而加大，总的趋势是初期发展较快，10～15 天完成大部分，1～2 个月基本完成。钢筋松弛损失中间值与终极值的比值如表 3-2 所示。

表 3-2　钢筋松弛损失中间值与终极值的比值

时间（天）	2	10	20	30	40
比值	0.5	0.61	0.74	0.87	1.00

钢筋的松弛还与初始应力大小、温度和钢种等因素有关。初始应力越大则松弛值也越大。温度对松弛也有很大影响，应力松弛值随温度的升高而增加，同时这种影响还会长期存在。因此，对蒸气养生的预应力混凝土构件应考虑温度对钢筋松弛的影响。不同钢种的钢筋松弛值差异很大。低合金钢热轧钢筋的松弛值相对较小，热处理钢筋次之，高强钢丝和钢绞线的松弛值相对较大。目前中国生产的高强钢丝和钢绞线按其生产工艺不同分为 I 级松弛（普通松弛）和 II 级松弛（低松弛）两种类型。低松弛钢丝和钢绞线的松弛值，约为普通松弛值的 1/3。

（四）钢筋的冷加工

为了节省钢筋和扩大钢筋的应用范围，常对热轧钢筋进行冷拉、冷拔等机械冷加工。经冷加工后，钢筋的力学性能会发生很大的变化，故应对这类钢筋进行研究分析。

冷拉是在常温下用机械方法将具有明显屈服点的钢筋拉到超过屈服强度，即强化阶段中的某一个应力值（如图 3-20 中的 K 点），然后卸载至零。由于 K 点的应力已超过弹性极限，因而卸载至应力为零时，应变并不等零，其残余应变为 OO'。若卸载后立即重新加载，应力-应变关系将沿着曲线 $O'Kde$ 变化。K 点为新的屈服点，这表明钢筋经冷拉后，屈服强度提高，但塑性降低，这种现象称为冷拉硬化。

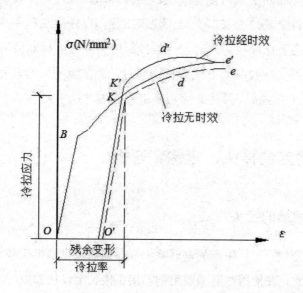

图 3-20　钢筋冷拉后的应力-应变曲线

如果卸去荷载后，在自然条件下放置一段时间或进行人工加热后，再重新进行拉伸，其应力-应变关系将沿着曲线 $O'K'd'e'$ 变化，屈服强度提高到 K' 点，并恢复了屈服台阶，这种现象称为时效硬化。时效硬化和温度有很大关系，如

R235（Q235）钢筋时效硬化在常温时需 20 天，若温度为 100 ℃时，仅需 2 小时即可完成。但继续提高温度有可能得到相反的效果，例如加温到 450 ℃时强度反而有可能降低，当加温到 700 ℃时钢材会恢复到冷拉前的力学性能。因此，为避免出现冷拉钢筋在焊接时由于温度过高而软化，需要焊接的冷拉钢筋都是先焊好后再进行冷拉的。

经过冷拉的钢筋，其抗拉屈服强度比原来有所提高，但屈服台阶的长度缩短，材料的塑性性能有所降低。冷拉后屈服强度提高和塑性性能降低的程度与冷拉控制应力的大小有关。冷拉控制应力越高，屈服强度提高的幅度越大，随之而来的塑性性能降低的幅度也越大。因此，对钢筋进行冷拉时，必须合理地选择冷拉控制点（即图 3-20 中的 K 点），兼顾屈服强度提高和塑性性能降低两个方面的要求，使得既能适当提高屈服强度，又使塑性性能不致降低太多。冷拉钢筋过去曾广泛用于建筑工程，在桥梁工程中也有所应用。当采用控制应力方法冷拉钢筋时，冷拉控制应力取强度标准值 $f_{pk}=700$ Mpa；当采用控制应变（冷拉率）方法冷拉钢筋时，冷拉控制应力取强度标准值加 30 Mpa，即取 730 Mpa，并按此应力确定相应的冷拉率。

三、钢筋的接头、弯钩和弯折

（一）钢筋的接头

为了运输方便，工厂生产的钢筋除小直径钢筋按盘圆供应外，一般长度为 10～12 m。因此，在使用时就需要用钢筋接头接长至设计长度。钢筋接头有焊接接头、绑扎接头和机械连接接头等三种形式。钢筋接头宜优先采用焊接接头和机械连接接头。当施工或构造条件有困难时，也可采用绑扎接头。

1.焊接接头

焊接接头是钢筋混凝土结构中采用最多的接头。钢筋焊接方法很多，工程上应用最多的是闪光接触对焊和电弧搭接焊。

闪光接触对焊是将两根钢筋安放成对接形式，利用电阻热使接触点金属熔化，产生强烈飞溅，形成闪光，迅速施加顶锻力完成的一种压焊方法，如图 3-21（a）所示。闪光接触对焊质量高，加工简单。

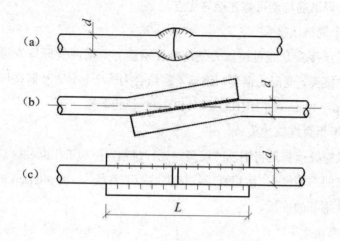

图 3-21　钢筋的焊接接头

钢筋电弧焊是以焊条作为一极，钢筋为另一极，利用焊接电流，通过产生的电弧热进行焊接的一种熔焊方法。钢筋电弧焊可采用搭接焊和帮条焊两种形式，分别如图 3-21（b）和（c）所示。搭接焊是将端部预先折向一侧的两根钢筋搭接并焊在一起。帮条焊是用短钢筋或短角钢等作为帮条，将两根钢筋对接拼焊，帮条的总截面面积不应小于被焊钢筋的截面面积。电弧焊一般应采用双面焊缝，施工有困难时亦可采用单面焊缝。电弧焊接头的焊缝长度，双面焊缝不应小于 $5d$，单面焊缝不应小于 $10d$（d 为钢筋直径）。

在任一焊接接头中心至长度为钢筋直径的 35 倍，且小于 500 mm 的区段内，同一根钢筋不得有两个接头。在该区段内位于受拉区的有接头的受力钢筋的截面面积占受力钢筋总截面面积的比例应不超过 50%，受压区的钢筋可不受此限。

帮条焊或搭接焊接头部分钢筋的横向净距不应小于钢筋直径，且不小于 25 mm。

2.机械连接接头

钢筋机械连接接头是近年来中国所开发的钢筋连接新技术。钢筋机械连接接头与传统的焊接接头和绑扎接头相比具有接头性能可靠、质量稳定、不受气候及焊工技术水平的影响、连接速度快、安全、无明火、不需要大功率电源、可焊与不可焊钢筋均能可靠连接等优点。

（1）套筒挤压接头

套筒挤压接头是通过挤压力使连接件钢筋套筒塑性变形与带肋钢筋紧密咬合形成的接头。变形的钢套与钢筋紧密结合为一个整体。套筒挤压接头适用于直径为 16～40 mm 的 HRB335 和 HRB400 带肋钢筋。

（2）镦粗直螺纹接头

镦粗直螺纹接头是将钢筋的连接端先行镦粗，再加工出圆柱螺纹，并用连接套筒连接的钢筋接头。镦粗直螺纹接头适用于直径为 18～40 mm 的 HRB335 和 HRB400 钢筋的连接。

（3）绑扎接头

绑扎接头是将两根钢筋搭接一定长度并用铁丝绑扎，通过钢筋与混凝土的黏结力传递内力的接头。为了保证接头处传递内力的可靠性，连接钢筋必须具有足够的搭接长度。

绑扎接头的钢筋直径不宜大于 28 mm，但轴心受压构件和偏心受压构件中的受压钢筋，可不大于 32 mm。轴心受拉和小偏心受拉构件不得采用绑扎接头。

受拉钢筋绑扎接头的搭接长度，应符合表 3-3 的规定；受压钢筋绑扎接头的搭接长度应取受拉钢筋绑扎接头搭接长度的 0.7 倍。

表 3-3　受拉钢筋绑扎接头搭接长度

钢筋种类	混凝土强度等级		
	C20	C25	>C25
R235	35d	30d	25d
HRB335	45d	40d	35d
HRB400、KL400		50d	45d

注:①当带肋钢筋直径 d 大于 25 mm 时,其受拉钢筋的搭接长度应按表值增加 5d 采用;当带肋钢筋直径小于 25 mm 时,搭接长度应按表值减少 5d 采用。

②当混凝土在凝固过程中受力钢筋易受扰动时,其搭接长度应增加 5d。

③在任何情况下,受拉钢筋的搭接长度不应小于 300 mm,受压钢筋的搭接长度不应小于 200 mm。

④环氧树脂涂层钢筋的绑扎接头搭接长度按表值增加 10d 采用。

⑤受拉区段内,R235 钢筋绑扎接头的末端应做成弯钩,HRB335、HRB400 和 KL400 钢筋的末端可不做成弯钩。

在任一绑扎接头中心至搭接长度的 1.3 倍长度区段内,同一根钢筋不得有两个接头;在该区段内有绑扎接头的受力钢筋截面面积占受力钢筋总截面面积的百分数,受拉区不应超过 25%,受压区不应超过 50%。

当绑扎接头的受力钢筋截面面积占受力钢筋总截面面积超过上述规定时,应按表 3-3 给出的受拉钢筋绑扎接头搭接长度值乘以下列系数:当受拉钢筋绑扎接头截面面积占受力钢筋总截面面积大于 25%,但不大于 50%时,乘以 1.4;当大于 50%时,乘以 1.6。当受压钢筋绑扎接头截面面积占受力钢筋总截面面积大于 50%时,乘以 1.4(受压钢筋绑扎接头长度仍为表中受拉绑扎接头长度的 0.7 倍)。

(二)钢筋的弯钩和弯折

为了防止钢筋在混凝土中的滑动,对于承受拉力的光面钢筋,需在端头设置半圆弯钩;受压的光面钢筋可不设弯钩,这是因为受压时钢筋横向产生变形,使直径加大，提高了握裹力。带肋钢筋握裹力好，可不设半圆形弯钩，而改用直角形弯钩。弯钩的内侧弯曲直径 D 不宜过小，对于光面钢筋，D 一般应大于 $2.5d$；对于带肋钢筋，D 一般应大于（$4\sim5$）d，d 为钢筋的直径。

按照受力的要求，钢筋有时需按设计要求弯转方向，为了避免在弯转处混凝土被局部压碎，在弯折处钢筋内侧弯曲直径 D 不得小于 $20d$。

受力钢筋端部弯钩和中间弯折应符合表 3-4 的要求。

表 3-4　受力钢筋端部弯钩和中间弯折

弯曲部位	弯曲角度	形状	钢筋	弯曲直径（D）	平直段长度
末端弯钩	180°		R235（Q235）	≥$2.5d$（$d\leq20$ mm）	≥$3d$
	135°		HRB335	≥$4d$	≥$5d$
			HRB400 KL400	≥$5d$	
	90°		HRB335	≥$4d$	≥$10d$
			HRB400 KL400	≥$5d$	
	≤90°		各种钢筋	≥$20d$	—

注：采用环氧树脂涂层钢筋时，除应满足表内规定外，当钢筋直径 $d\leq20$ mm 时，弯钩内直径 D 不应小于 $4d$；当 $d>20$ mm 时，弯钩内直径 D 不应小于 $6d$。直线段长度不应小于 $5d$。

第三节　钢筋与混凝土之间的黏结

一、钢筋与混凝土之间的黏结破坏机理

钢筋与混凝土之间之所以能有效地共同工作是因为两者之间有很好的握裹力，又称黏结力。钢筋与混凝土间的黏结力由三部分组成：①混凝土中水泥凝胶体与钢筋表面的化学胶结力；②混凝土结硬时，体积收缩时产生的摩擦力；③钢筋表面粗糙不平或带肋钢筋的表面凸出时，肋条产生的机械咬合力。

光面钢筋的黏结力作用，在钢筋与混凝土间尚未出现相对滑移前主要取决于化学胶结力，发生滑移后则由摩擦力和钢筋表面粗糙不平产生的机械咬合力提供。光面钢筋拔出试验的破坏形态是钢筋从混凝土中被拔出的剪切破坏，其破坏面就是钢筋与混凝土的接触面。

带肋钢筋的黏结作用主要由钢筋表面凸起产生的机械咬合力提供，化学胶结力和摩擦力占的比重很小。带肋钢筋的肋条对混凝土的斜向挤压力形成了滑移阻力，斜向挤压力的轴向分力使肋间混凝土像悬臂梁那样承受弯、剪，而径向分力使钢筋周围的混凝土犹如受内压的管壁，产生环向拉力，如图 3-22 所示。因此，带肋钢筋的外围混凝土处于复杂的三向受力状态，剪应力及纵向拉应力使横肋间混凝土产生内部斜裂缝，环向拉应力使钢筋附近的混凝土产生径向裂缝。裂缝出现后，随着荷载的增大，肋条前方混凝土逐渐被压碎，钢筋连同被压碎的混凝土由试件中被拔出，这种破坏称为剪切黏结破坏。如果钢筋外围混凝土很薄，且没有设置环向箍筋，径向裂缝将达到构件表面，形成沿钢筋的纵向劈裂裂缝，造成混凝土层的劈裂破坏，这种破坏称为劈裂黏结破坏。劈裂黏结破坏强度要低于剪切破坏黏结强度。

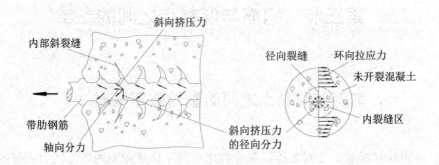

图 3-22 带肋钢筋横肋处的挤压力和内部裂缝

二、钢筋与混凝土黏结强度的影响因素

钢筋与混凝土间的黏结强度主要受下列因素影响:

(一)混凝土强度等级

试验表明,黏结强度随混凝土强度等级的提高而增大,大体上与混凝土的抗拉强度成正比关系。

(二)钢筋的表面形状

带肋钢筋的黏结强度比光面钢筋高出 1～2 倍。带肋钢筋的肋条形式不同,其黏结强度也略有差异,月牙纹钢筋的黏结强度比螺纹钢筋低 5%～15%。带肋钢筋的肋高随钢筋直径的增大相对变小,所以黏结强度下降。试验表明,新轧制或经除锈处理的钢筋,其黏结强度比轻度锈蚀钢筋的黏结强度要低。

(三)混凝土保护层厚度和钢筋间的净距

试验表明,混凝土保护层厚度对光面钢筋的黏结强度没有明显影响,但对带肋钢筋的影响却十分明显。当保护层厚度 $c/d>5\sim6$（c 为混凝土保护层厚度、d 为钢筋直径）时，带肋钢筋将不会发生强度较低的劈裂黏结破坏。同样，保持一定的钢筋间距，可以提高钢筋周围混凝土的抗劈裂能力，从而提高钢筋与混凝土之间的黏结强度。

（四）横向配筋

设置螺旋筋或箍筋可以提高混凝土的侧向约束，延缓或阻止劈裂裂缝的发展，从而提高黏结强度。

此外，黏结强度与浇筑混凝土时钢筋所处的相对位置有关。处于水平位置的钢筋黏结强度比竖直钢筋要低，这是因为由于位于水平钢筋下面的混凝土下沉及泌水的影响，钢筋与混凝土不能紧密接触，削弱了钢筋与混凝土之间的黏结强度。同样是水平钢筋，钢筋下面混凝土浇筑深度越大，黏结强度越小。

黏结强度一般通过试验方法确定，图3-23所示为光面钢筋拔出试验示意图。

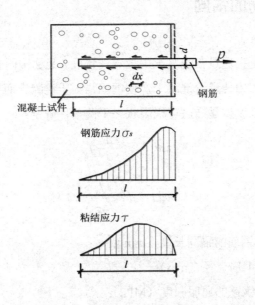

图3-23　光面钢筋的拔出试验

试验研究表明，钢筋与混凝土间黏结应力的分布呈曲线形，且光面钢筋与带肋钢筋的黏结应力分布图形状有明显不同。

在实际工程中，通常以拔出试验中黏结失效（钢筋被拔出或混凝土被劈裂）时的最大平均黏结应力，作为钢筋和混凝土的黏结强度。平均黏结应力按下式计算：

$$\tau_u = \frac{P}{\pi dL} \tag{3-34}$$

式中：P——拉拔力（kN）；

d——钢筋直径（mm）；

L——钢筋埋置长度（mm）。

实测的黏结强度极限值变化范围很大，光面钢筋约为 1.5～3.5 MPa，带肋钢筋约为 2.5～6.0 MPa。

三、钢筋的锚固

钢筋的锚固是指通过在混凝土中设置埋置段（又称锚固长度）或采取机械措施将钢筋所受的力传递给混凝土，使钢筋锚固于混凝土而不滑出。

钢筋的锚固长度按黏结破坏极限状态平衡条件确定：

$$\pi d l_a \tau_u \geqslant \frac{\pi d^2}{4} f_y$$

$$即\ l_a / d \geqslant \frac{f_y}{4\tau_u} \tag{3-35}$$

式中：l_a——钢筋的锚固长度（mm）；

d——钢筋直径（mm）；

f_y——钢筋的屈服强度（MPa）；

τ_u——钢筋与混凝土的黏结强度（MPa）。

试验研究表明，钢筋与混凝土的黏结强度与混凝土强度等级和钢筋的表面形状有关。将钢筋与混凝土的黏结强度，转换为混凝土抗拉强度 f_t 和锚固钢筋的外形系数 α 表示，即以 $\tau_u = f_t \big/ 4\alpha$ 代入式（3-35）可得：

$$l_a / d \geqslant \alpha \frac{f_y}{f_t} \qquad\qquad (3\text{-}36)$$

式中：α——锚固钢筋的外形系数，其数值由试验确定。

光面钢筋 $\alpha=0.16$，带肋钢筋 $\alpha=0.14$，三面刻痕钢丝 $\alpha=0.19$，螺旋肋钢丝 $\alpha=0.13$，三股钢丝 $\alpha=0.16$，七股钢绞线 $\alpha=0.17$。

当带肋钢筋直径大于 25 mm 时，钢筋的外形系数应再乘以修正系数 1.1。

第四章 建筑钢结构的节点设计

第一节 建筑钢结构连接节点的研究

一、建筑的钢框架结构

（一）钢结构简介

钢结构就是经常所说的"轻型钢结构"，主要有以下三种建筑结构形式：①钢管结构；②冷弯薄壁型钢钢结构；③轻型门式钢架建筑钢结构。钢结构是一种新型建筑结构，具有美观、成本低、施工周期短等多重优点，因此广泛应用于工业厂房、仓库、报刊岗亭及商业建筑等。主要的钢结构建筑材料有 H、C、Z、V 型钢和彩色夹芯板等。随着中国钢产量的不断增加，建筑钢结构工程也有了更坚实的物质基础，而且由轻型彩色钢板制成屋面和墙体围护新结构形式，可极大地节约用钢量。

（二）钢结构建筑的优点

钢结构应用广泛，正是由于其具有以下优点：

抗震性好：轻型钢结构具有良好的延性，抗震性能好，尤其是"板肋结构体系"，有着更强的抗震性和抵抗水平荷载的能力，可以抵抗 8 级以上的地震。

抗风性好：同地震一样，飓风给建筑物带来的危害不容忽视，要保证结构的抗风性能，除了要做到设计合理，板材选择也相当重要，钢结构自重轻、强度高、整体性好，是不错的选择材料，可以抵抗每秒 70 米的台风，使人类的生命财产多了一层保障。

施工速度快：不受季节影响，全部干作业施工，且现场吊装就位，用工省。正是由于施工作业面宽敞，施工空间大，使得钢结构能够被更充分有效地利用，节约工期。

环保：钢结构建筑也是环保型建筑，钢结构材料可 100%回收，减少了矿产资源的开采。由于采用干作业施工，现场的建筑垃圾、噪音等都能减少到最低程度，符合当前的环保理念。

（三）钢结构的市场前景

随着环保意识的加强，许多国家的中低层住宅都在向轻钢结构靠拢。美国是轻钢结构发展速度最快的国家，从 1965 年到 2000 年，轻钢结构在建筑市场中所占的比例从最初的 15%迅速增加到 75%。钢构件的标准化、专业化和社会化程度显著提升，各种租赁设备也一应俱全。澳大利亚关于"轻钢结构"的概念认识开始较早，由于市场尚未成熟，相关产业不能很好地发展，直到高强度冷弯薄壁钢结构出现，其自重轻、承载力高，而且钢骨采用镀锌板制造，镀锌板经高强冷轧而成，且防腐性能优良，在不需要大修的前提下，耐久性可达 75 年。目前澳大利亚每年建造轻钢龙骨独立式住宅的投资约占整个建筑业产值的 24%。中国在轻钢结构方面的研发还很保守，认为这种结构体系仅适合 5～6 层以下的住宅建筑，考虑的因素很多，比如大城市中土地供应的限制和价格因素、工业化程度和造价、市场价格问题等。

二、建筑钢框架刚性节点的连接

刚性钢框架是一种应用广泛且重要的结构形式，其平面内不设支撑，而是依靠梁柱连接处所受的弯矩来抵抗水平荷载，所以又称为抵抗弯矩框架，特别应用于强震地区，抗震性能十分优异。刚性梁柱连接是钢框架的一个重要组成部分，常用的刚性连接类型有焊接连接、高强螺栓连接以及栓焊混合连接，如图 4-1 所示，相应的梁柱连接节点有焊接连接节点、高强螺栓连接节点以及栓焊混合连接节点。

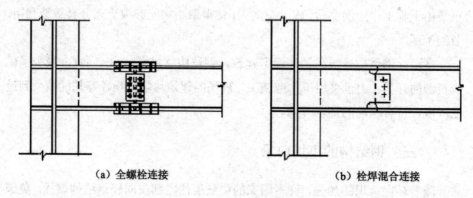

（a）全螺栓连接　　　　　　　　　　　（b）栓焊混合连接

图 4-1　刚性节点的构造

刚性连接设计在满足"强节点弱构件"的大前提下，要按照设计规范和构造要求进行合理计算。各国规范中对框架结构的抗震设计都持有类似的原则，即"小震不坏，中震可修，大震不倒"。我国规范将设计方法具体分为三水准两阶段，对抗震设计也提出了明确的目标。

（一）建筑钢框架刚性节点连接的分类

1.全焊连接

刚性连接中，全焊连接的传力最充分，有足够的延性。焊接连接节点具有良好的延性，理论上讲，只要焊缝质量良好，焊接构造合理，即使在反复荷载作用下，也可保证钢框架梁柱连接有足够的延性。但钢构件的制作要求较高的精度，实际工程中很难做到。此外，焊接结构的残余应力和变形对结构的不利影响更为突出。影响焊接性能的主要因素有以下几点：

（1）节点域厚度

在梁柱连接的交点处用钢板将其连接牢固，可以更好地发挥梁柱连接性能。节点域厚度不同会产生不同程度的节点域变形，进而对梁柱连接处的强度、刚度和延展性产生一定影响：节点域过薄，梁柱连接部分刚度不够，强震作用下缺乏足够的承载力，而且连接区域剪切变形过大，会使整个结构过早地出现失稳现象，对结构极为不利；节点域太厚，虽然刚度达到设计要求，剪切变形也可控制在安全范围之内，但是一方面浪费材料，另一方面对结构的耗能不利。因此，对节点域厚度的设置必须合理，这样才能做到对抗震有利，既能充分耗散地震能量，又可以充分发挥其延性作用。

（2）焊缝质量

焊接连接主要包括角焊缝连接和对角焊缝连接，其中对角焊缝连接又分为全焊透焊缝连接和部分焊透焊缝连接。影响焊缝质量的因素有很多，如施工过程中不认真，焊条运行速度快，烘焙不符合要求以及焊缝间隙过大，根部气刨不彻底等。另外，未焊透、未熔合也是很重要的影响因素。考虑到梁上翼缘与柱的连接处，对接焊缝质量对刚性连接的滞回性能有很大影响，因此施工时在保证对接焊缝必须焊透的前提下还要确保对接焊缝质量达到规定的要求。通常工地焊接后，焊接衬板残留在框架上，容易产生应力集中，可以考虑将其与柱和梁翼缘焊接在一起，避免梁柱连接因未焊透的对接焊缝而产生损伤。此外，梁柱连接处的对接焊缝容易产生塑性应变和三轴应力水平，扩大的焊接孔长度能有效地提高这一薄弱环节。为了确保节点足够的延性和梁侧向稳定性，焊接孔长度不宜过长。

（3）焊接热影响区

焊接接头主要由两部分组成：焊缝和焊接热影响区。除了确保焊缝质量，也要减小高温引起的焊接热影响区金属脆断，避免在集中热源作用下，焊缝两侧组织和性能的变化。因此，对焊缝热影响区的宽度有如下规定：板厚的80%，最大20 mm，最小10 mm，在规定的范围内，可有效地改善焊接性能。同时，重要构件的焊接还要做到焊前预热、焊后热处理，以避免产生焊接应力，有效提高焊接头的塑性和韧性。

2.高强螺栓连接

全螺栓连接指的是梁腹板和翼缘与柱通过普通螺栓或高强度螺栓连接，可以传递弯矩、剪力和轴力的连接形式，其施工方便，具有良好的韧性和延展性，但接头尺寸较大，费用较高，且在动力作用下连接部位容易松动，强烈地震时，还可能产生滑移。高强螺栓连接节点的制造和安装大大简化了，给施工带来极大便利，加快了施工速度。但螺栓孔对梁翼缘的削弱作用对构件连接产生不利影响，在抗震设计中，达不到等强连接的要求。影响高强螺栓连接承载力的主要因素有预拉力、抗滑移系数以及钢材种类。由于预拉力的存在，使板件间产生很大的摩擦力，通过拧紧螺帽使螺杆产生拉伸变形，从而产生预拉力，其中大六角头型和抗剪型螺栓是控制预拉力很好的方法；抗滑移系数与构件表面的处理和钢号有关，推荐方法有喷砂，喷砂后涂无机富锌漆或干燥条件下储存，严禁涂刷红丹。

3.栓焊混合连接

栓焊混合连接节点是目前高层钢框架结构应用最多的一种梁柱连接节点形式，该节点不但具有良好的延性，现场安装时，使用螺栓定位然后再对翼缘施焊，极为便捷。由于栓焊混合连接节点中螺栓和焊缝是共同参与工作的，因此在节点设计时为简化计算，通常有这样的假设：由于拼接节点处既存在弯矩也存在剪力，所以假设由翼缘承担其中的弯矩，由腹板承担全部的剪力。该方法是比较简单的，但假设过于理想化，与实际受力不符，在弹性阶段可能发生滑移而不安全，因此建议仅在腹板分担弯矩较小时采用该假设。

（二）刚性节点破坏原因分析

长久以来,刚性节点被认为具有良好的抗震性能，可以抵抗各种动力破坏，但世界实录震害分析表明，在以往的地震灾害中，70%以上的钢结构破坏，都是由于节点最先破坏导致了建筑物的整体破坏，特别是美国北岭大地震和日本阪神大地震。所以钢结构建筑要想更耐久、稳定性更好，就必须对刚性节点的影响因素、破坏原因进行深入剖析，遵循设计原则，提出利于节点抗震的有效措施。

钢框架梁柱节点的脆性破坏给建筑物带来巨大破坏，综合大量研究，其破坏原因主要有：

1. 焊缝本身缺陷

焊缝本身缺陷主要是指焊缝质量不过关，比如气孔、夹渣、凹坑、未焊透等，这是导致脆性断裂的根源。焊接后存在残余应力，易产生应力集中；另外，腹板部分进行切角，梁上下翼缘也要做成对接坡口 V 字形焊缝，这使得材料的韧性大大降低，以及焊缝的延性差等。当然，焊缝的规定是节点设计必须遵循的原则。

2. 节点施工工艺问题

由于焊接工艺的需要，衬板需要在梁柱连接时一并施焊，焊后衬板仍残留在原处，这就形成了一条"人工裂缝"，研究发现，"人工裂缝"中心附近极易形成裂缝缺口。

3. 设计方法不正确

为简化计算，通常采用简化设计方法，即假设全部的弯矩仅由翼缘承担，剪力全部由腹板承担。这种假设过于理想，与实际受力不符，在弹性阶段可能发生滑移而不安全。由于腹板不能传递弯矩，加上翼缘焊缝传递部分剪力，从而导致柱翼缘发生较大变形，梁翼缘焊缝中断处产生超应力，在塑性铰还没有形成之前，节点就已发生破坏。

（三）刚性节点的设计改进

1. 影响刚性节点抗震性能的因素

影响刚性节点抗震性能的主要因素如下：

（1）节点域

钢框架节点域对梁柱连接节点的性能影响是时刻存在的，也是不容忽视的，如节点区的剪切水平位移，对框架水平位移也有 10%～20% 的影响。节点域太薄，当结构遭受地震力时，会提前发生塑性变形失去承载能力，但节点域并非越厚越好，要按理想屈服体质合理设计，否则将不能发挥其耗能作用。节点域的设计规定也是节点设计时必须遵循的原则。

（2）梁尺寸的影响

根据研究统计可知，刚性梁柱连接的塑性变形能力与梁高成反比，即梁越高塑性变形能力越差。实际设计中，考虑到焊接工作量大，整个框架的承载力往往仅由若干榀来承担，这些框架要想有足够承载力，必须有足够大的梁柱截面。因此，增加梁高是必须的，增加梁高的同时翼缘也变厚了，这样也给焊接带来更大难题。另外，梁的高厚比较大，使得结构整体稳定性变差，因此设计要做到"强柱弱梁"的设计原则。

（3）焊接及其细部构造

大量震害分析表明，梁柱翼缘间的全熔透对接焊缝和热影响区是最易发生脆断的部位。焊缝本身存在缺陷，当外荷载作用时会很快发展成裂纹，承载力会显著降低。因此，焊接质量的好坏对节点性能有着直接影响。另外，为辅助梁柱更好地连接，通常采用衬板与其加焊，但施焊后衬板往往会残留在原处，这样在焊缝、衬板以及梁柱翼缘处形成了一条"人工"的 K 形裂缝，其根部的应力集中非常严重，特别是在下翼缘焊缝中点处。

（4）三轴残余拉应力影响

钢框架中，当梁翼缘受拉产生焊缝收缩时，会受到邻近板件特别是柱翼缘的约束作用，从而产生三轴拉应力，难以发展塑性变形。在三轴拉应力作用下，即便是韧性再好的材料在遭遇地震时也会导致脆性断裂。

2.刚性节点的改进措施

针对焊缝收缩问题，通过试验发现，板太厚会导致焊缝的收缩大，最终发生脆性破坏；板太薄会因焊缝高度不足而突然破坏。试验中，通过添加合适的贴板，将大大提高节点的延性。对于"人工裂缝"的应力集中现象，可以用高度 6 mm 左右的角焊缝沿下翼缘封闭起来，这样可以有效地抑制裂缝发展。另外，设计方法的改进，应考虑腹板承担一定的弯矩，使节点与梁抗弯承载力设计值之比大于 1.2，满足强度要求。为使节点有更强的承载力，针对节点的改进还需更深层次的研究。

三、建筑钢框架半刚性节点的连接

在传统的钢框架梁柱连接设计中，通常假设为理想刚接或完全铰接，事实上，这不符合结构的实际受力。大量试验研究证明，梁柱连接处的实际受力介于理想刚接和完全铰接之间，既可以传递弯矩，又能产生一定的转角，具有良好的塑性变形和耗能抗震能力。美国北岭大地震和日本阪神大地震很好地证实了这一点。半刚性连接中由于连接件具有多样性、连接位置的变化性，其主要分为以下几种类型：

第一，腹板双角钢连接，即通过焊接或栓焊的方式将两个角钢连接在梁柱的腹板上，如图 4-2（a）所示。

第二，顶底角钢连接，即梁的上下翼缘通过角钢分别于梁柱的翼缘相连接，如图 4-2（c）所示，这是最典型的顶底角钢连接。

第三，带双腹板角钢的顶底角钢连接，即腹板顶底双角钢连接，如图 4-2（d）所示，这是典型的半刚性连接。

第四，端板连接，如图 4-2（b）、（e）所示，端板连接包括外伸端板连接和平齐端板连接，大量试验结果发现，适宜的端板厚度可有效提高连接的延性，防止脆性破坏。

第五，T 型钢连接，即通过两个短 T 型钢和高强螺栓将梁柱相连，如图 4-2（f）所示。

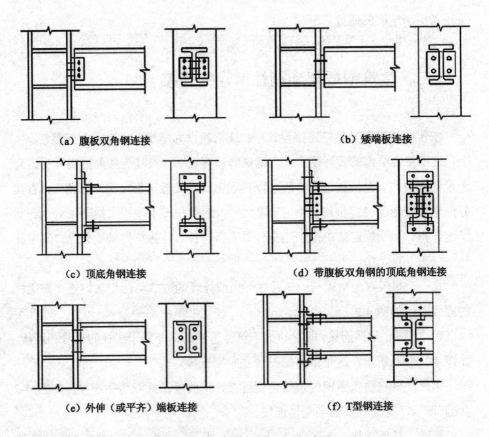

（a）腹板双角钢连接   （b）矮端板连接

（c）顶底角钢连接   （d）带腹板双角钢的顶底角钢连接

（e）外伸（或平齐）端板连接   （f）T型钢连接

图 4-2　半刚性节点类型

梁柱连接处既存在弯矩、剪力，又存在轴力和扭矩，并且可以互相传递。在平面问题中，对于大多数连接，扭矩、剪力及轴向变形都可忽略不计，只需考虑弯矩给连接变形带来的影响即可。因此，梁柱节点的弯矩转角关系，最能体现变形和受力性能。如图 4-3 所示，即为典型的弯矩-转角关系。

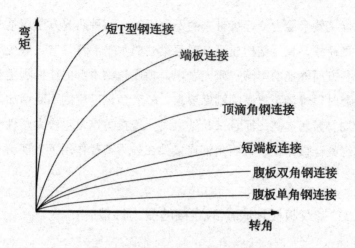

图4-3 半刚性连接的弯矩-转角关系

从图 4-3 中可以看出：①连接所体现出的弯矩-转角性能，恰好介于完全刚接和理想铰接之间；②图中所有半刚性连接都呈非线性；③弯矩相同时，连接处转角随着柔性的变化而变化，且成正比；④当连接传递的弯矩最大时，柔性连接呈减小趋势。

在钢框架分析中，我们必须首先确定连接的弯矩-转角关系，然后再对弯矩-转角关系的模型进行模拟，更好地体现弯矩-转角中连接刚度、极限受弯承载力的非线性性能。我们知道，梁柱连接承载力对整个框架来说至关重要，不仅与连接形式、焊缝尺寸、螺栓直径、数量以及排列有关，而且连接件的变形也要引起足够重视，所以连接件之间的相对刚度必须设计合理。其中典型的半刚性连接需要进行详细的研究，如使用角钢连接的各种连接方式、端板连接的各种形式等。

（一）顶底角钢连接的受力性能

顶部和底部采用角钢连接的结构受力性能往往通过实验研究和有限元模拟来分析，两种方法的分析结果基本是相同的。不同的是，实验研究并未考虑柱中的轴力，重点研究了节点本身的性能；而有限元建模时，没有考虑节

111

点焊缝和焊接残余应力给连接带来的不利影响。两种研究方法均是在两端逐级施加水平荷载，直至结构屈服，观察梁柱的水平滑移、节点域变形以及角钢厚度对各方面性能的影响。研究发现，顶底角钢本身的连接刚度不大，在遭遇强地震时很难满足严格的刚度要求，随着角钢厚度的不断增加，构件各方面性能均有显著提高，而且试验结束时，连接角钢发生较大塑性变形，尤其是梁翼缘处连接角钢，说明角钢连接件在外力荷载作用下表现出了良好的耗能能力。

（二）带双腹板顶底角钢连接的受力性能

事实上，双腹板顶底角钢连接是两种连接形式的组合，其一是梁腹板与柱翼缘的连接，其二是梁柱上下翼缘的连接。双腹板角钢连接就是通过螺栓将两块角钢固定在梁的腹板和柱的翼缘上，螺栓作为紧固件使得此种连接具有更强的刚度。顶底角钢连接是将两块钢板固定在梁的上下翼缘和柱翼缘上，上翼缘处的角钢仅起到维持侧向稳定的作用，下翼缘处的角钢可以传递一定的垂直反力和梁端弯矩。在实际的受力过程中，此连接充当一个悬臂梁，传递着弯矩和剪力，在极限状态下主要表现为顶角钢出现较大塑性变形，顶角钢螺栓孔处挤压现象严重，腹板角钢的接触面积最大。事实上，角钢可以承受极限承载力，为整个连接提供一个安全保障。通过试验和有限元模拟相结合的分析方法更好地证明了该连接具有良好的延性和稳定的滞回耗能能力，而且有限元可以更好地分析连接表现出的非线性，使得节点受力更准确可靠。

（三）外伸端板连接的受力性能

端板连接是将柱翼缘和一个梁端通过端板进行连接固定的一种形式，可以传递梁端弯矩。由于端板和梁柱之间的接触受端板变形、螺栓预拉力等因素的影响，导致端板连接处的接触部位受力较复杂，其中柱翼缘连接区域加劲肋设置与否是影响端板连接性能的关键因素。实验研究和有限元分析方面，材料、几何等参数对连接性能的影响很少涉及，关于端板厚度对连接的影响研究颇多，薄端板表现出良好的耗能能力，厚端板在受力过程中有着较强的刚度承载力，但并不是说端板越厚越好，端板太厚不仅浪费材料，而且不能有效利用节点域变形能力，耗能能力也达不到设计要求，反而对抗震不利。

四、建筑钢框架铸钢节点的研究

近些年，随着铸造技术的不断提高，铸造材料的不断研究和应用，采用铸钢的节点连接形式在工程实际中得到广泛的应用，特别是大跨空间中的节点。铸钢节点在国外已经被普遍应用，以相贯节点为主，因为相贯节点可以满足在多个方向设置连接件的要求，即满足空间实用性要求。还有一些是应用于网球截面，如一些大型的体育场、博览馆等，而我国对铸钢节点的研究起步较晚。随着铸钢节点的普遍应用，研究人员发现，铸钢件本身是一种延性和耗能能力都很好的连接件，所以出现了铸钢件连接节点，它是一种典型的半刚性连接节点。随着研究的不断深入，此种连接在钢框架抗震时也得到了发展。

（一）铸钢材料

低合金铸钢材料中，合金元素主要是锰（Mn）、硅（Si）、铬（Cr）等，这些元素对材料的强度，铸钢的塑性、韧性及可焊性都有明显的改善。铸钢材料标准采用国际标准，其中德国标准中规定的铸钢件不论是在化学成分含量上还是机械性能指标上都是要求最严格的。

（二）铸钢件的优势

铸钢件是铸造成型的钢连接件，是铸造成型工艺和合金钢材料的完美结合，既有复杂形状的成型工艺，又保持了钢的特性。

首先，铸钢件最重要的优点是设计灵活，对形状和尺寸有最大的选择自由，尤其是形状复杂和中空的截面，采用粗芯的独特工艺制造，其成型和形状改变十分容易。铸钢件通过整体铸造成型，克服和避免了应力集中，以及焊接对结构构件带来的损伤。完美的流线型外形，最小的应力集中系数影响，以及对结构和其他特性的严格要求，反映了铸钢件的设计和制造具有很好的灵活性。

其次，适应性和冶金生产铸钢的变异性是最强的，可根据钢构件的数目和直径的不同进行灵活设计，以满足不同工程对节点设计的需要。运用铸钢件，在很宽的范围内可通过热处理工艺对机械性能进行多方面选择，并有良好的焊接性和可加工性。

再次，各向同性的铸钢材料确保了铸钢件良好的整体性能，特别是铸钢相贯节点，厚实的管壁使节点的刚度和承载力大大提高。另外，由于减少的重量设计，模样多样性和交货期短等优点，使铸钢件具有价格竞争优势。

最后，铸钢件的重量大小、批量多少可在很大范围内变动，而且都可依据设计者构思的不同制造成具有合理外形、刚度高、空间大且应力集中不显著的零件。

（三）研究进展

铸钢节点在国外的研究较中国要早，而且应用普遍。鉴于相贯节点可一次浇筑成型，且可在多个方向连接钢构件，实用性强，故很多大型建筑中均以采用铸钢的相贯节点为主。中国对铸钢节点的研究应用开始较晚，1999 年深圳文化中心的一个钢结构建筑项目中首次尝试了铸钢节点，并得到了工程界的认可。近些年，我国的一些大型建筑物开始普遍采用铸钢节点，其中体育馆、展览馆最为典型。

实验是最具有说服力的手段，因此目前对铸钢节点的研究采用理论分析和实验相结合。采用大型的有限元软件如 ABAQUS、ANSYS 等进行理论分析，对节点的弹塑性和破坏机理进行模拟，可以更好地指导实践。通过足尺试验，可以对工程中的实践点进行验证，为理论分析提供依据。

王志远通过施加低周反复荷载对铸钢节点进行了试验研究,沿着主管方向对支管施加水平力,沿着支管方向对主管施加竖向力。在荷载的反复作用下,试验发现,主管与支管的节点处存在应力集中现象,通过增加管壁厚度,有效缓解了应力集中,而且节点的承载力也有明显提高。

美国北岭大地震和日本阪神大地震的震害表明,焊接节点易出现大量脆性破坏。为提高节点强度,国内众多优秀专家提出用铸钢件替代传统角钢,并进行了相关的试验研究和有限元模拟分析,如图4-4所示。结果表明,铸钢件本身的耗能能力为节点提供了一层保障,合理的铸钢件尺寸可有效地提高节点承载力和抗震能力。

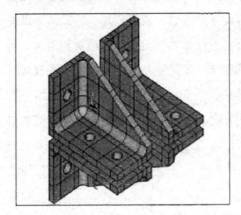 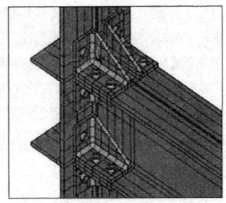

图4-4 铸钢件和铸钢件连接节点有限元模型

第二节　建筑钢结构混合节点的研究

一、影响节点性能的主要因素

一个结构"能量吸收和耗散"的大小，决定了结构是否耐震，而耗能能力取决于结构的延性大小，即结构的变形能力和抗倒塌能力随着结构延性的变大而变大，从而可以削弱地震反应。传统的抗震方法是借助结构的承载力和变形能力，来耗散地震能量，从而避免结构发生严重破坏或者倒塌。因此，为保证钢框架结构的整体稳定性和抗震性，节点设计必须满足安全、经济和耐久。所谓安全就是要保证节点有足够的强度和刚度，在发生大型地震或者其他破坏时可以抵抗破坏荷载以保证对结构的破坏达到最低极限或者安然无恙，强度不够导致破坏，刚度不够导致变形；所谓耐久就是保证结构构件在外界环境或者自身的受力下保持结构完整性；所谓经济，可通过设计节点的构造简单、施工方便以及安装易就位等方面体现。总之，是为了保证节点有足够的延性和耗能能力，即使之形成塑性铰。

影响节点变形的因素很多，端板连接是半刚性连接中延性性能和抗承载力最好的。相对薄的端板耗能能力强，但强度不够，不足以抵抗强震作用下对建筑物造成的破坏；若端板太厚，不仅浪费材料，而且梁柱连接部分的区域变形很小，微小的变形起不到耗散地震能量的作用。因此，适宜厚度的端板连接，不仅利于抗震，在减少撬力作用方面也是显著的。为此，各国规范给出了相应的端板厚度计算方法。

对于梁柱连接，节点的耗能能力是影响整个结构安全的最关键因素。地震作用产生的能量是巨大的，结构本身的耗能将直接影响到建筑物的稳定性和安全性，增强节点耗能的途径主要包括阻尼器和塑性铰。

在混合连接节点中，提高了其变形能力，但耗能能力会相对下降。在梁柱连接处设置阻尼器，可显著提高节点的耗能能力，强震作用下，可以充分发挥抗震能力。

图 4-5　扇形阻尼器

以扇形阻尼器为例，如图 4-5 所示，由两块约束钢板和一块剪切钢板组成，扇形部分采用了橡胶黏弹性材料，中孔部分用铅芯材料填实，铅芯是良好的耗能材料，地震作用下，通过吸收地震能量而成为保护框架节点的第一道防线。

塑性铰可以消耗地震能量，提高抗震性能，保证节点延性。塑性铰的设计原理最先出现在远离梁柱连接区域的两端，使梁端先于柱发生屈服变形，也就是说通过削弱梁端截面，使塑性铰远离节点区，确保地震作用下节点有足够的强度，满足规范中"强节点弱构件"的设计原则。狗骨式节点形成的塑性铰是其中一种，塑性铰外移的方法大致分为两类：加强梁端截面和削弱梁截面。

加强梁端截面，只是加固节点的一种体现，确保"强节点弱构件"的设计原则。在很多其他的研究中都很好地做到了加强节点，如图 4-6 所示。

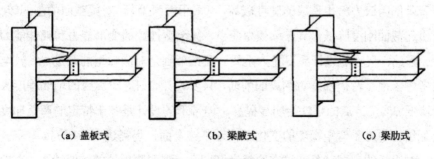

(a) 盖板式　　　　　　　(b) 梁腋式　　　　　　　(c) 梁肋式

图 4-6　加强型节点

　　削弱梁截面包括对梁翼缘的削弱和对梁腹板的削弱，对梁翼缘的削弱最典型的属狗骨式节点，如图 4-7 所示。狗骨式节点是近些年研究最多的一种节点形式，其基本设计思想是：在距离梁柱连接处一定范围内，将梁的上下翼缘进行合理的切割削弱，使削弱部分的梁充当保险丝，当承受地震力时该截面可以先于其他截面屈服，最终形成塑性铰，通过削弱梁保护节点。这种方法不仅省工而且效果好，在不用加大柱面的情况下，即可满足"强柱弱梁"设计要求，在某些工程中已经开始使用，如天津国贸大厦就采用了该节点形式。

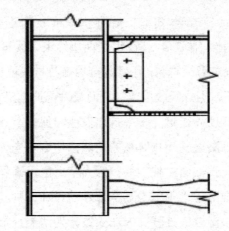

图 4-7　狗骨式节点

　　直线型狗骨式节点构造简单，施工便捷，但两线交点处易发生应力集中，引起脆性破坏，故不建议采用。圆弧型狗骨式节点延性好，构造较简单，可以显著降低因应力集中造成的脆性破坏，可采用圆弧型，但对梁截面的削弱较大，易引起截面刚度降低，节点承载力变小，甚至塑性铰的变形能力和耗能能力减小。因此，尺寸的设计显得尤为重要。而锥形则是对圆弧型的改进，它较全面地考虑了地震弯矩梯度对钢梁的削弱，只要设计合理，梁翼缘的削弱程度大约会降低 3%，节点的延性会明显提高。但锥形的设计是基于特定的弯矩梯度，实际结构中对于弯矩梯度的变化影响还不够全面，仍需进一步研究。

　　对腹板的削弱就是通过在腹板上开圆孔，削弱腹板处的抗弯能力，在地震作用下优先于其他区域或截面形成塑性机构，确保梁柱节点更好地发挥塑性变形能力，如图 4-8 所示。

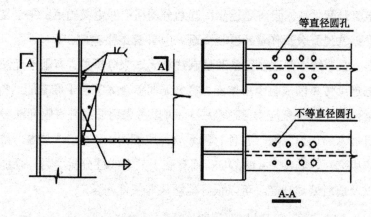

图 4-8　翼缘钻孔型节点

国内外科研人员就开孔大小、开孔位置以及塑性铰形成的位置做了详细研究，研究发现，当孔径一定时塑性铰随开孔位置原理柱表面不断外移，适当的开孔位置可确保塑性铰区域在削弱截面处得到快速发展。

不论是削弱梁翼缘截面还是在腹板截面上开孔，目的都是将塑性铰首先在梁上形成，确保节点安全，这是很乐观的选择。倘若塑性铰首先形成于柱截面上，将会导致结构的倒塌性破坏，是非常危险的。因此，削弱梁截面很好地做到了"强柱弱梁"的设计理念，有利于抗震，更有利于保证结构的稳定性。

二、建筑钢结构节点的有限元分析

随着计算机技术的不断发展，有限元理论分析结构的使用已经成为现代一种普遍的高精度的方法。比如固体力学问题和结构力学问题，主要解决复杂模型的建立以及非线性问题等。以往的解决方法大都引入了简化假设，我们知道，假设可使问题得到大大简化，但不符合结构的实际受力，过多的简化假设可能会导致结果的不正确。计算机日益普及、计算程序不断完善的今天，ABAQUS

有限元模拟不仅用起来非常方便，更重要的是有较高的运算速率。进行结构分析的基本步骤如下：①创建部件；②创建材料和截面属性，确定钢材的本构关系；③定义装配件；④设置分析步；⑤划分网格；⑥定义约束；⑦定义荷载和边界条件；⑧提交分析作业；⑨后处理；⑩计算结果输出。

事实上，非线性问题往往是通过有线单元法来分析的。有限单元法的基本思路是把连续体离散成各个小单元，将单元的集合体等价于原来的结构。对于钢框架梁柱节点的复杂应力-应变状态，可以考虑用非线性有限元法分析。随着计算机技术的迅速发展，各种有限元软件脱颖而出，如 ANSYS、ABAQUS等，且应用广泛。其中，ABAQUS 拥有强大的非线性分析能力、功能强大的求解器以及前后处理功能，可以很好地解决非线性问题。

（一）非线性有限元法

实际工程中，为将求解问题趋于简单化，往往进行线性假设，当然这种假设在某些时候是不可避免的。但有些问题，如建筑抗风、结构的弹塑性动力响应等，其本质上是非线性的，也就是说，仅仅假设线性是不够的，还须进行非线性分析。非线性问题可概括为两个方面：

1.材料非线性

任何的非线性问题都是由应力-应变关系引起的，用于工程实际中的变量属于无限小量，是一个小变形。材料非线性对钢框架的极限承载力产生了影响，所以要精确合理地确定钢框架的极限承载力，须对材料的非线性进行分析。国内外科研人员对此也做了大量研究，例如：经典塑性铰理论，尽管对弹塑性大挠度进行了合理分析，但却忽略了塑性铰处的弹性卸载；内力屈服面塑性铰法，计算钢框架极限承载力是很有效的，同时也考虑了弹塑性卸载的影响。

2.几何非线性

几何非线性指的是结构在荷载作用下产生一定变形，由此引起的结构非线性响应，属于大变形问题，可以是大位移小应变，也可以是大位移大应变。在几何非线性问题上，通常认为在弹性范围内的应力-应变呈线性关系。事实上，很多都是非线性结构，如板和壳结构是最典型的非线性结构。国内外很多研究者就几何非线性问题做了大量研究：梁、柱钢框架结构的几何非线性性能理论分析，除了需要简化，甚至忽略了其影响因子。根据选定的坐标系不同，几何非线性分析理论有不同的描述，一种是欧拉描述，另一种是拉格朗日描述。前者适合分析大挠度大转角的几何非线性问题，后者中的完全拉格朗日列式用来描述小挠度小转角或是中等挠度和转角的几何非线性问题，对拉格朗日型修改可用于偏转角度大的情况。实际工程中，钢框架的几何非线性主要影响了 P-Δ 效应，二阶效应对结构的稳定极其不利，随高度增加更为明显。因此，几何非线性对结构产生的影响不容忽视。

（二）二阶效应

在传统的钢框架梁柱连接中，焊接刚性节点被认为具有良好的抗震性能，然而 20 世纪 90 年代发生的两次灾难性地震，不得不让人们开始研究更具抗震性能的连接方式。半刚性连接有着良好的耗能能力、稳定的滞回性能，美中不足是增大了结构水平位移。二阶效应是其必不可少的影响因素，所谓二阶效应是指非线性效应，包括单个构件引起的 P-δ 和整个框架侧移的 P-Δ 效应，如图 4-9 所示。

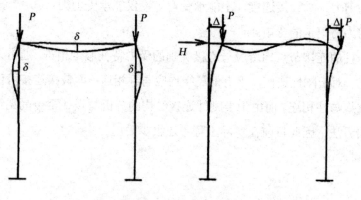

图 4-9 P-δ 和 P-$\triangle$ 效应

从图 4-9 中可以看出，单纯的竖向荷载并不会引起结构的整体失稳，当风荷载或地震荷载作用于结构时会产生水平侧移，致使二阶效应更加明显，也就是图中的 P-Δ 效应，可能导致屈曲或单一构件的破坏。同时承受竖向荷载和水平荷载的结构，在水平方向上有一定的侧移位移，并使竖向荷载产生附加弯矩，进一步加大了侧移，这种现象即为 P-Δ 效应，该效应可能导致整个结构失稳。在实际工程中，30 层以下的建筑，P-Δ 效应并不明显，通常忽略不计；50 层左右的钢结构，P-Δ 效应将会产生高达 15%的位移。因此，超高层钢结构必须考虑二阶效应的影响，否则有可能导致结构的倒塌。半刚性和考虑二阶效应的影响是相互的、共同的，这就进一步增加了结构的内力和变形，对结构的稳定非常不利。关于 P-Δ 效应的计算主要有放大系数法和数值迭代法，应通过有效的计算尽可能减小二阶效应产生的侧移，确保结构安全稳定。

第三节　建筑钢结构梁与柱的连接

根据受力变形特征，钢结构梁与柱的连接可分为三类：①刚性连接，能承受弯矩与剪力；②铰接连接，不能承受弯矩，仅能承受剪力；③半刚性连接，能承受剪力与一定的弯矩。

梁与柱的连接节点构造应与连接类别的受力特征假定相符，通常采用柱贯通的形式。对于刚性连接，梁上下翼缘均应与柱相连；而铰接连接可仅梁腹板或一侧翼缘与柱相连。而由于半刚性连接结构的分析与设计至今尚无很方便的工程实用方法，因此目前在实际工程中还很少采用。

一、建筑钢结构的刚性连接

（一）刚性连接节点的构造与受力

梁柱的刚性连接应具有足够刚度，可以承受设计要求的弯矩，在达到承载能力之前，所连接的梁柱之间不发生相对转动。凡是需要抵抗水平力的框架，主梁和柱的连接均应采用刚性连接形式。

常用的梁柱刚性连接构造形式有：①全焊接节点，如图 4-10（a）所示，梁的上下翼缘和腹板均与柱用焊接连在一起，通常翼缘与柱用全熔透坡口焊，腹板用角焊缝与柱相连；②栓焊混合节点，如图 4-10（b）所示，梁的上、下翼缘用全熔透坡口焊，腹板则用高强度螺栓与柱相连；③全栓接节点，如图 4-10（c）所示，梁翼缘与腹板均用高强度螺栓与柱相连。全焊接节点一般在工厂加工时采用，而栓焊混合节点和全栓接节点通常在现场安装条件下采用。

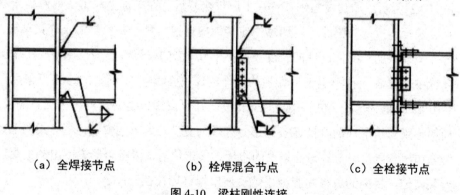

（a）全焊接节点　　　　（b）栓焊混合节点　　　　（c）全栓接节点

图 4-10　梁柱刚性连接

三种节点形式中，虽然连接的承载力相同，但在地震时吸收和耗散能量的能力差别较大。全焊接节点的滞回曲线如图 4-11（a）所示，呈稳定纺锤形，节点的延性和刚度最好。栓焊混合节点，虽然由于腹板螺栓滑动而不完全刚性，但其性能与全焊接节点相差不大。全栓接节点，由于翼缘和腹板均发生滑动，滞回曲线如图 4-11（b）所示，呈滑动形。因而，在地震作用下，全栓接节点难以满足刚性连接的要求，一般只适用于非地震区高层框架。

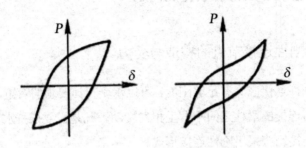

（a）全焊节点　　　　　（b）全栓节点

图 4-11　梁柱连接的滞回曲线

　　H 型钢梁与 H 型柱在弱轴方向连接时，采用栓焊混合连接。如果腹板不用高强度螺栓连接，也可改用对接熔透坡口焊将节点板和梁的腹板焊接在一起。H 型钢梁与钢管混凝土柱的刚性连接通常采用外连式水平加劲板进行连接，如图 4-12 所示，加劲板与钢管柱在工厂焊接好后，在工地上与钢梁的腹板用高强度螺栓连接，与梁翼缘用熔透的对接焊缝连接，是一种栓焊混合连接节点。外连式水平加劲板伸出柱的长度不应小于 0.7 倍的梁翼缘宽度，厚度应等于梁翼缘中最厚者，且不小于钢管柱的板厚。H 型钢梁与箱形柱的连接可采用图 4-10（a）或（b）的形式，但应注意的是，在梁翼缘位置的箱形内应设置隔板。而箱形梁与箱形柱的刚性连接构造方式较为复杂。为方便安装，箱形梁的上翼缘先留出一段，用安装螺栓将梁的腹板连接定位后，再将箱形梁留出的上翼缘安装就位，将梁的翼缘和腹板用熔透坡口焊缝焊接在一起。

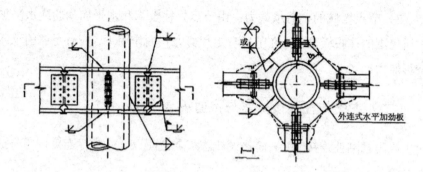

图 4-12　H 型钢梁与钢管混凝土柱的刚性连接节点

梁柱节点设计应注意节点的合理构造，应具有必要的延性，保证焊接质量，避免应力集中和过大的约束应力，同时要防止钢板层状撕裂。

梁翼缘与柱焊接时，由于翼缘传递的内力很大，应采用全熔透坡口焊缝，坡口角度 $\alpha = 30° \sim 35°$，在施焊时焊条保持适当的角度，被连接的构件应留有一定的焊根开口宽度 G，一般为 6～10 mm，使焊条能伸到连接构件的底部。为了保证焊缝全长有效，在梁上下翼缘底面设置焊接垫板（可附在柱面上）。垫板应比梁翼缘宽，伸出长度约 22～30 mm，厚度约 8～10 mm。垫板通常焊后留在原处，成为节点的组成部分。为防止垫板部位成为梁柱连接节点断裂破坏的薄弱环节，有抗震设计要求时，垫板反面与柱翼缘相接处也应焊接。为方便梁翼缘的施焊，梁腹板端头上下角应切割成弧形缺口，切口半径通常采用 35 mm。弧形切口端部与梁翼缘的连接处，应以 10 mm 半径的圆弧光滑过渡。

主梁与柱的连接节点上通常有三种作用力，即弯矩 M、剪力 V 和轴力 N，其中以 M 和 V 为主，如果轴力 N 不大，可忽略不计。主梁与柱的连接节点计算时，主要验算以下内容：

（1）主梁与柱连接的承载力：校核梁翼缘和腹板与柱的连接（焊缝和螺栓群）在弯矩、剪力作用下的强度。

（2）柱腹板或翼缘板的抗压承载力：在梁受压翼缘引起的压力作用下，柱的腹板或翼缘是否会由于屈曲而破坏。

（3）节点板域的抗剪承载力：由节点处柱翼缘和水平加劲肋或水平加劲隔板所包围的柱腹板部分，在节点弯矩和剪力共同作用下，应有足够的承载力和变形能力。

（二）主梁与柱连接抗弯与抗剪承载力

主梁与柱刚性连接，可按简化设计法和全截面设计法进行连接抗弯与抗剪承载力验算。

1.简化设计法

简化设计法认为节点的弯矩由梁翼缘承担，而梁腹板只承担剪力。简化设计法计算比较简便，对高跨比适中或较大的大多数情况，是比较安全的。当主梁翼缘的抗弯承载力大于主梁整个截面承载力的70%时，可采用简化设计法进行连接承载力设计；当主梁翼缘的抗弯承载力小于主梁整个截面承载力的70%时，应考虑梁全截面的抗弯承载力。

2.全截面设计法

全截面设计法认为梁腹板除承担剪力外，还与梁翼缘一起承担弯矩。梁翼缘和腹板分担弯矩的具体数值根据其刚度比确定。

3.柱腹板或翼缘板的承载力

对柱腹板或翼缘板的承载力进行计算，主要是为了设计节点处柱的加劲肋。由于刚性节点对梁端转动的约束，梁的上下翼缘对柱作用有两个集中力，即拉力和压力。在此集中力作用下，可能带来两类破坏：梁受压翼缘的压力使柱腹板发生屈曲破坏；梁受拉翼缘的拉力使柱翼缘与腹板处的焊缝拉开，导致柱翼缘产生局部的过大变形。

实际上，水平加劲肋除了承受梁翼缘传来的集中力，还可提高节点的刚度和节点板域的承载力。因此，建筑钢结构的梁柱刚性连接节点，均要求设置柱水平加劲肋。按非抗震设计时，水平加劲肋厚度不应小于梁翼缘厚度的一半；按抗震设计时，加劲肋应与梁翼缘等厚，加劲肋的总宽一般应不小于梁翼缘宽度。

水平加劲肋与柱的焊接如图 4-13 所示，与柱翼缘的连接焊缝按与加劲肋本身的强度考虑，因此在加劲肋上开 V 形坡口，进行对接焊；与柱腹板的连接焊缝按柱两侧梁的不平衡弯矩对加劲肋产生的力进行设计，通常用角焊缝。此外，在柱的圆角部分加劲肋须开切角。为便于绕焊和避免荷载作用时的应力集中，水平加劲肋应从翼缘边缘后退 10 mm。

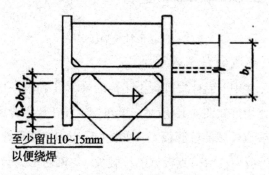

图 4-13　柱水平加劲肋焊接方法

当柱两侧的梁高度不等时，对应每个梁翼缘均应设置水平加劲肋，考虑焊接方便，水平加劲肋间距不宜小于 150 mm，并不小于加劲肋的宽度。当不能满足此要求时，可将截面高度较小的梁端部高度局部放大，腋部翼缘的坡度不大于 1：3，梁截面高度改变处宜设置双面横向加劲肋，也可采用斜加劲肋，加劲肋的倾斜度同样不大于 1：3。当与柱正交的两个方向梁高度不同时，应分别设置水平加劲肋。

箱形柱应在梁翼缘对应位置设置柱内水平加劲隔板，板厚不小于梁翼缘的厚度。对无法进行手工焊接的焊缝，宜采用电热熔渣焊。当箱形柱截面较小时，为加工方便，也可设置贯通式水平加劲隔板，如图 4-14 所示，此时加劲隔板的厚度应等于梁翼缘中最厚者，并不小于柱壁板的厚度。箱形截面柱在梁的上、下 600 mm 范围内，应采用全熔透焊缝，在其他部分可采用部分熔透焊缝，焊缝厚度不应小于箱形柱壁板厚度的 1/3（非抗震）或 1/2（抗震），并不应小于 14 mm。

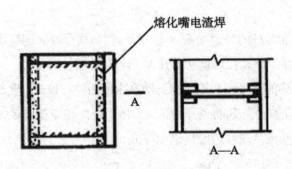

图 4-14　箱形柱横隔板焊接

4.梁柱节点板域的抗剪承载力

在梁柱刚性连接中，当柱受到极不平衡的梁端弯矩时，在节点板域，会产生相当大的剪力作用，如图 4-15 所示，梁端弯矩和在梁翼缘中引起的集中力，将作为剪力传到节点板域的柱腹板上，柱端的弯矩和在柱翼缘中产生的类似的集中力，也将作为剪力传给节点板域的柱腹板。这两对剪力会在节点板域的柱腹板上引起对角方向的压力，如果腹板厚度不够，板域有可能先于节点连接屈曲，这对框架的整体性能有较大的影响，是节点连接中的一个薄弱环节，易被忽视。

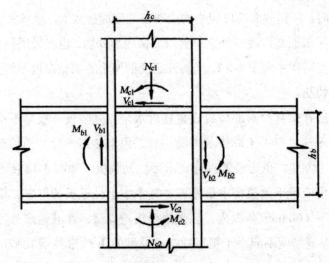

图 4-15　梁柱节点板域的剪力和弯矩

实际上板域处的内力非常复杂，剪应力在板域中心最大，屈服由中心开始，荷载加大后向四周扩散，板域初期屈服时的变位对结构的影响很小。

板域的厚度不满足要求时，有必要对节点板域进行加强，用补强板增加板域的厚度。当板域厚度不足部分小于腹板厚度时，用单面补强；若超过腹板厚度，则用双面补强。焊接 H 型钢柱可将柱腹板在节点域局部加厚，并与相邻的柱腹板在工厂拼接。补强板可伸出水平加劲肋，与柱翼缘采用熔透对接焊，与腹板用角焊缝连接，在板域范围内用塞焊连接。补强板也可限制在板域范围内，与柱翼缘和水平加劲肋均采用熔透对接焊，板域范围内用塞焊连接。

5.全栓连接节点的设计

全栓连接节点如图 4-16 所示，由 T 形连接件连接梁的翼缘和柱，梁腹板和柱则用角钢和高强度螺栓连接。该种节点多用于 H 型钢构件组成的结构，安装简便，可减少现场焊接的工作量，但其转动刚度在很大程度上受螺栓预拉力和 T 形连接件翼缘抗弯能力的影响，在地震荷载作用下，难以满足刚接要求。

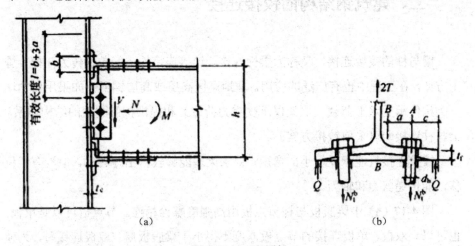

图 4-16　T 形连接

计算此种节点时，假定端部弯矩和轴力由上下翼缘承担，剪力由腹板传递，可分以下三步进行计算：

（1）首先验算腹板剪力连接需要的高强度螺栓数量，其计算与前面栓焊连接节点的计算方法相同。

（2）计算 T 形连接件，确定 T 形连接件的尺寸及高强度螺栓的数量。

（3）在轴力 N 和弯矩 M 作用下（如图 4-16 中所示的方向为正），翼缘内的拉力 F_t 和压力 F_e 近似为：

$$F_t = M / h - N / 2 \tag{4-1}$$

$$F_e = M / h + N / 2 \tag{4-2}$$

式中： h ——上下两 T 形连接件高强度螺栓摩擦面之间的距离（mm）。

T 形连接件腹板的截面积可与梁受拉翼缘截面积取相同值，而 T 形连接件腹板上的螺栓数量可根据梁上下翼缘内 F_t 和 F_e 中较大值除以 N_v^b 求得。

二、建筑钢结构的铰接连接

梁与柱的铰接连接，又称为柔性连接。铰接连接构造简单、传力简捷、施工方便，在工程中也有广泛的应用。非地震区高层或高层钢框架如果用剪力墙一类构件承受水平荷载（框架仅承受重力荷载）和提供抗侧刚度的结构体系，梁与柱连接即可采取铰接方案。

铰接连接只能承受很小的弯矩，要求梁端能够较自由地转动，但没有线位移，能传递剪力和轴力。

图 4-17（a）中梁腹板与柱节点板用高强度螺栓相连。节点板可以是单板，也可以是双板。单板连接的节点板厚度不得小于梁腹板厚；双板连接时，为便于梁吊装就位，可先将一块节点板焊在柱上，待梁就位后，在工地上将另一块节点板焊接在相应位置上，再拧紧螺栓。图 4-17（b）用角钢代替图 4-17（a）中的节点板，用高强度螺栓连接。图 4-17（c）中梁端下翼缘用普通螺栓与柱上的牛腿相连，牛腿的水平板厚不得小于 12 mm，牛腿的竖板厚不得小于梁腹

板厚，在牛腿水平板位置设置柱加劲肋，加劲肋的板厚 6～12 mm。为便于现场施工，梁与 H 型柱在弱轴方向的铰接也可采用图 4-17（d）所示形式。图 4-17（e）是梁与圆钢管柱的一种铰接连接方式，节点板穿过钢管，与钢管用角焊缝连接，与梁的腹板用高强度螺栓连接。

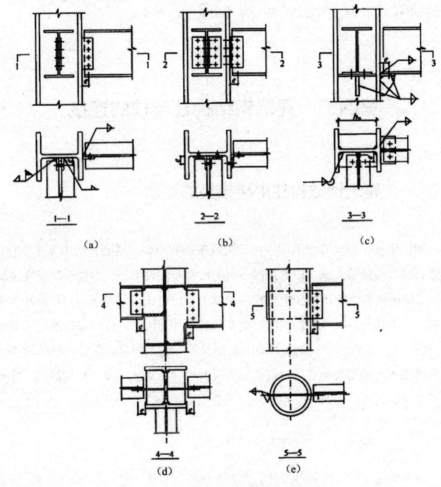

图 4-17　梁与柱铰接连接的几种情况

实际上绝对的铰接是不存在的，节点板的刚度和螺栓对梁端的旋转仍有一定的约束度，估计图 4-17（a）中节点对梁转动的约束度，约为全刚性抗弯节点的 10%。这些连接能传递有限的弯矩，但在设计中可不予考虑，它们的延性足以容许被连接梁的充分转动。

设计图 4-17 所示的铰接节点时，应根据梁端传递的剪力 V 和轴力 N 验算节点中的传力焊缝和螺栓连接的强度。同时，尚应考虑由于偏心产生的附加弯矩的影响。这种偏心的附加弯矩一般不影响柱的设计。

第四节　建筑钢结构柱与柱的连接

一、建筑钢结构柱拼接接头的要求

钢结构制作和安装过程中，由于运输条件的限制，或者柱截面发生变化，需要将柱和柱拼接起来。柱的拼接节点一般都是刚性节点，为便于现场安装操作，柱拼接接头一般设置在距楼板顶面以上 1.1～1.3 m 的位置，同时避开水平荷载下的大弯矩区。考虑到运输方便及吊装条件等因素，柱的安装单元一般采用三层一根，长度 10～12 m 左右。根据设计和施工的具体条件，柱的拼接可采取焊接或高强度螺栓连接。焊接接头没有拼接节点板，传力结构简洁，外形整齐，节省材料；但高空焊接作业，需要采取措施保证焊接质量。

（一）抗震设计和非抗震设计

通常情况下，柱拼接节点处的内力有轴心压力 N、弯矩 M 和剪力 V。按非抗震设计时，如果弯矩比较小，在拼接连接处不产生拉力，且被连接的柱端面经过加工且紧密结合时，可通过上下柱接触面直接传递 25% 的轴力和弯矩，即此时的柱拼接节点可按 75% 的轴力和弯矩及全部剪力设计。抗震设计时柱的拼接接头应位于框架节点塑性区以外，并按与柱截面等强度的原则设计。

按非抗震设计时的焊缝连接，可采用单边 V 形坡口或 J 形坡口的部分熔透焊缝，其焊接深度不小于板厚的一半。单边 V 形坡口的焊缝有效厚度等于实际焊喉减去 3 mm，因为焊缝可能达不到连接的根部；J 形坡口的焊缝有效厚度等于实际焊喉的厚度。

有抗震设防要求的焊缝连接，应采用全熔透坡口焊，其中 H 型钢柱和十字形柱的翼缘焊接做法如图 4-18（a）所示，箱形柱壁板全熔透坡口焊作法如图 4-18（b）所示。

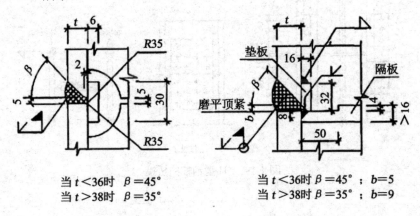

当 $t<36$ 时　$\beta=45°$
当 $t>38$ 时　$\beta=35°$

当 $t<36$ 时　$\beta=45°$；$b=5$
当 $t>38$ 时　$\beta=35°$；$b=9$

（a）H 型钢翼缘全熔透坡口焊作法　　（b）箱形柱壁板全熔透坡口焊作法

图 4-18　有抗震设防要求的柱拼接焊接接头

图 4-18（a）中，上柱翼缘开单边 J 型坡口，焊缝背衬垫板，为放置垫板，腹板需开弧口，一般弧口半径为 35 mm。箱形柱壁板全熔透坡口焊时，下柱与柱口齐平处设置盖板，厚度一般不小于 16 mm，用单边 V 形坡口与柱壁板焊接，其边缘与柱口截面一齐刨去 4 mm，以便与上柱的焊接垫板有良好的接触面。下柱盖板与柱壁板焊接时应保证一定的焊接深度，不能将焊根露出。箱形柱工地焊接接头的上柱也应设置上柱横隔板，以防止运输、堆放和焊接时截面变形，其厚度不小于 10 mm。

（二）各种截面柱的拼接

H 型钢柱的常用拼接做法如图 4-19 所示，腹板采用高强度螺栓连接，以便柱子对中就位，翼缘采用焊缝连接。翼缘的焊缝连接根据是否有抗震设防要求及柱的内力按图 4-20 选用。如果腹板较厚，为避免螺栓用量太多，也可采用焊缝连接。为便于现场安装，H 型钢柱的拼接也可采用全高强度螺栓连接。

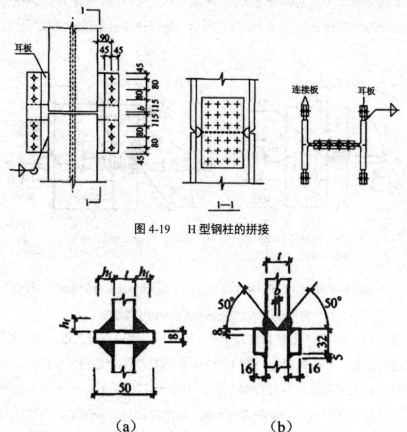

图 4-19　H 型钢柱的拼接

图 4-20　H 型钢柱腹板拼接焊缝做法

当 H 型钢柱翼缘采用焊接拼接时，为便于安装就位，在翼缘两侧设置安装耳板，每个耳板上开三个螺栓孔，耳板厚度根据阵风及施工荷载确定，并不小于 10 mm。拼接时，首先用连接板和螺栓将上下柱的耳板连接固定在一起，再进行柱翼缘和腹板的焊接和螺栓连接，柱焊接好后，用焰割将耳板切除。连接板为单板时，其板厚宜取耳板厚度的 1.2～1.4 倍；为双板时，宜取耳板厚度的 0.7 倍。连接耳板的螺栓直径不小于 M20。

箱形截面柱的工地拼接如图 4-21 所示，4 个壁板均采用焊接，具体做法根据抗震设防要求及柱的内力按图 4-18 选用。上下柱均设置安装耳板，以便安装就位，耳板及连接板的有关要求和 H 型钢柱相同。

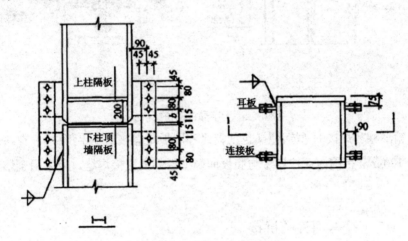

图 4-21　箱型柱的拼接拼头

十字形柱的工地拼接翼缘均为焊接，具体做法根据抗震设防要求及柱的内力按图 4-18 选用。在高层钢框架结构中腹板应采用焊接，具体做法可参见图 4-20。如用在钢骨混凝土柱中，腹板可用高强度螺栓连接，如图 4-22 所示。柱每侧的翼缘均设置耳板，以便安装就位，耳板及连接板的有关要求和 H 型钢柱相同。

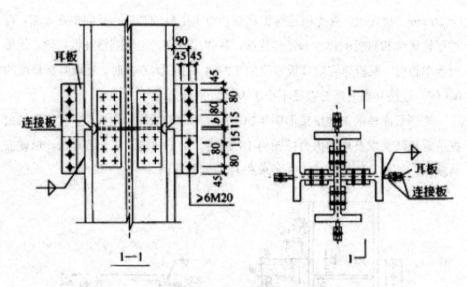

图 4-22　十字形柱的拼接拼头

箱形柱和焊接 H 型钢柱（包括翼缘和腹板是焊接的卜字形柱），在拼缝上下各 100 mm 范围内，柱翼缘与腹板间及壁板间的连接焊缝，应采用全熔透坡口焊。

（三）变截面柱的拼接

柱需要变截面时，较方便的是采用保持柱截面高度不变、仅改变翼缘厚度的方法。当柱截面高度改变时，一般将变截面段设于梁与柱连接节点处，使柱在层间保持等截面。边柱变截面可采用图 4-23（a）的做法，不影响挂外墙板，但应考虑上下柱偏心所产生的附加弯矩，内柱变截面可采用图 4-23（b）所示的做法。箱形截面柱变截面处上下端应设置横隔板，上下柱端铣平，周边坡口焊接。

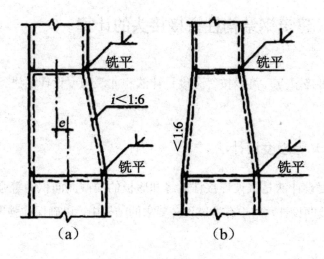

图 4-23 柱变截面拼接

柱的变截面段设于梁柱连接的节点部位时，可采取在工厂完成柱外带悬臂梁段的连接方式，变截面段可设于主梁截面高度范围之内，也可大于主梁截面高度。另外，也可采用梁贯通型或贯通横隔板的节点连接，这样的节点连接可在现场安装完成。

高层钢结构下部型钢混凝土中的十字形柱与上部钢结构中箱形柱连接，拼接时应考虑两种截面变化处力的均衡传递，一是箱形柱的一部分力要传递给下面的十字形柱，二是箱形柱的另一部分力要传递给混凝土。

为使箱形柱内力能均衡传递给十字形柱，箱形柱壁板要延伸进入十字形柱区段，与十字形柱翼缘平滑过渡，下部十字形柱的十字形腹板则向上伸入箱形柱内，过渡段的长度不小于柱宽加 200 mm。过渡段在主梁下并紧靠主梁。

为使箱形柱的另一部分力均衡传递给混凝土并提高结构的整体性，一般应设置栓钉，栓钉的数量参考下述两种方法计算确定。第一种方法，考虑将力传给截面面积比箱形柱小的十字形柱，不足部分由栓钉剪力传给混凝土；第二种方法，栓钉承受箱形柱周边混凝土中的轴力。但试验研究表明，栓钉的作用并不明确，栓钉数量对承载力没有明显的影响。

二、建筑钢结构柱拼接接头的计算

柱的拼接节点，可以按等强度设计法和非等强度设计法进行连接的强度校核。

（一）等强度设计法

等强度设计法是按被连接柱翼缘和腹板的净截面面积的等强度条件来进行拼接连接的设计，用于有抗震设防要求的结构中，以确保柱强度和刚度的连续性。

（二）非等强度设计法

非等强度设计法是根据柱拼接位置的实际内力设计拼接连接的方法，主要用于非抗震结构。其中，全熔透焊缝连接和高强度螺栓连接的计算方法与等强度设计法相同，且柱翼缘和腹板的高强度螺栓拼接连接板应按等强度设计法中的规定设置。

第五节　建筑钢结构梁与梁的连接

梁与梁的连接有两种情况：一是梁与梁的拼接，用在柱外悬臂梁段与中间梁段的工地现场拼接，如图 4-24 所示；二是次梁与主梁的连接。设计梁与梁的连接节点时，通常按梁的弯矩来计算，轴力往往忽略不计。

一、建筑钢结构主梁与主梁的拼接

主梁的工地拼接，其形式主要有：

（1）翼缘为全熔透连接，腹板用高强度螺栓连接，如图 4-24（a）所示。

（2）翼缘和腹板都用高强度螺栓连接，如图 4-24（b）所示。

（3）翼缘和腹板均为全熔透焊连接，如图 4-24（c）所示。

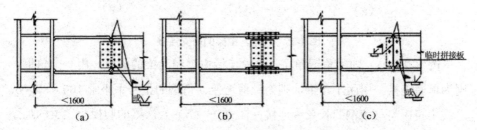

图 4-24 梁-梁的拼接形式

主梁的拼接接头应设在框架节点塑性区段以外，以及内力较小的位置，考虑施工安装的方便，通常设在距梁端 10～16 m 处。图 4-24（a）和（c）中，当翼缘或腹板均采用完全熔透的坡口对接焊连接，并采用引弧板施焊时，可视焊缝与翼缘板和腹板是等强的，可不进行连接焊缝的强度计算。

二、建筑钢结构次梁与主梁的连接

次梁与主梁的连接应将主梁作为次梁的支点，有两种做法：一是将主次梁的节点设计为铰接，即次梁为简支梁；二是将主次梁的节点设计为刚接，此时，次梁相当于连续梁。铰接节点构造简单，制作安装方便，因而实际工程中主次梁节点一般采用铰接。常用的主次梁铰接形式如图 4-25 所示。

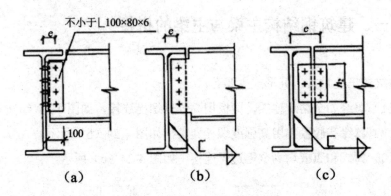

图 4-25　次梁与主梁的简支连接

图 4-25（a）为用角钢和高强螺栓连接主梁和次梁的腹板，用一个角钢，则为单剪连接，用两个角钢，则为双剪连接，角钢的型号不小于 $100 \times 80 \times 6$，且次梁腹板需与角钢的长翼缘连接；图 4-25（b）为次梁的腹板与主梁的加劲肋用高强螺栓连接；图 4-25（c）为用节点板把主、次梁腹板连接起来，节点板可以是一块，也可用两块。设计时主要考虑次梁剪力，另外，主、次梁的连接螺栓距主梁的中心线都有一定偏心，对主梁有偏心力矩，如果偏心距离不大，或者与楼板有可靠连接，则可以不考虑偏心的作用。

主、次梁刚性连接构造和制作上比铰接连接要复杂。如果次梁跨数较多、荷载较大，或者结构为井字梁，或者次梁带有悬挑梁，则次梁与主梁做成刚性连接可使次梁成为连续梁，从而可节约较多的钢材，并且可减小次梁的挠度。此时，次梁剪力仍传给主梁，次梁梁端的弯矩直接在两相邻跨的次梁之间传递，因此，次梁上翼缘应由拼接板跨过主梁相互连接，或将次梁上翼缘与主梁上翼缘垂直相交焊接，连接的强度可按与次梁截面等强度原则进行计算。

三、建筑钢结构主梁的侧向隅撑和角撑

按抗震设计时，在罕遇地震作用下，主梁与柱刚性连接节点处可能产生塑性铰。当楼板为钢筋混凝土结构，并与主梁的上翼缘有可靠的抗剪连接时，可以认为楼板对主梁的上翼缘具有充分的侧向支撑作用。但是，当梁的下翼缘平面外长细比大于 120 时，在罕遇地震下，梁下翼缘可能发生侧向屈曲。为防止这种屈曲的产生，可在主梁下翼缘平面内距柱轴线 1/8～1/10 梁跨处设置隅撑，如图 4-26 所示。

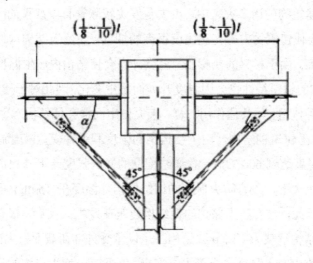

图 4-26　梁的侧向隅撑

主次梁连接中，主梁是次梁的支点，次梁也可作为主梁的侧向支撑点，防止主梁下翼缘侧向失稳。当次梁的高度不足主梁高度一半时，为确保次梁的侧向支撑作用，可在次梁端部与主梁加劲肋之间设置角撑；当次梁的高度超过主梁高度的一半时，也可采用其他的构造形式。

第五章　建筑钢结构的抗火设计

第一节　建筑钢结构的抗火概述

在危害建筑物的诸多灾害中，火灾是发生较频繁且较严重的一种。建筑物发生火灾，会使建筑物内部充满温度很高的烟气，使建筑结构构件的温度因吸收热量而升高。由于材料的热膨胀，温度升高会使结构内产生温度内力和温度变形，而结构的材料特性也会因温度升高而发生变化，因此对于建筑结构来说，火灾也是一种作用，与其他作用一样，火灾作用同样会使结构产生效应（内力、变形等）。对于建筑钢结构，由于结构钢的强度和弹性模量随着温度升高会迅速下降，当温度达到 600 ℃时，普通结构钢的屈服强度会下降到常温下的 30% 左右，而在火灾下，没有防火保护的钢结构构件温度在 15 min 内就有可能超过 600 ℃，因此，没有防火保护的钢结构建筑在发生火灾后，很有可能在很短的时间内因结构承载力下降导致结构不足以承受外部荷载而发生破坏或倒塌，从而给建筑物内的人员逃生及灭火带来极大的困难，增大火灾的直接损失和间接损失。所以，应对钢结构进行抗火设计，使其能够按设计要求抵抗可能的火灾作用。

一、建筑钢结构的抗火承载力

火灾下，随着钢结构内部温度的升高，钢结构的承载能力将下降，当结构的承载能力下降到与外荷载（包括温度作用）产生的组合效应相等时，则结构达到受火承载力极限状态。

当出现下列情况之一时，则认为钢结构构件达到抗火承载力极限状态：①轴心受力构件截面屈服；②受弯构件产生足够的塑性铰而成为可变机构；③构件丧失整体稳定；④构件达到不适于继续承载的变形。

从火灾发生到结构或结构构件达到抗火承载力极限状态的时间称为结构或结构构件的耐火时间，也称耐火极限。

二、建筑钢结构的抗火设计要求

为使建筑物内的人员有足够的时间逃生，并让消防人员有足够的时间到达火灾现场灭火，以防止结构严重破坏或倒塌，造成较大人员伤亡及直接或间接经济损失，因此对建筑结构抗火设计的基本要求是：结构或结构构件的耐火时间不得低于一定的数值。

钢结构如果不采取任何防火保护措施，一般很难满足规定的耐火时间要求，因此对钢结构进行抗火设计就是确定钢构件的防火保护，使其抗火性能满足建筑对构件耐火极限的要求，具体有下列三种形式：

第一，在规定的结构耐火时间内，结构的承载力 R_d 应不小于各种作用所产生的组合效应 S_m，即 $R_d \geqslant S_m$。

第二，在各种荷载效应组合下，结构的耐火时间 t_d 应不小于规定的结构耐火极限 t_m，即 $t_d \geqslant t_m$。

第三，火灾下，当结构内部温度均匀时，若记结构达到承载力极限状态时的内部温度为临界温度 T_d，则 T_d 应不小于在规定的耐火时间内结构的最高温度 T_m，即 $T_d \geqslant T_m$。

上述三个要求实际上是等效的，进行结构抗火设计时，满足其一即可。

三、建筑钢结构的抗火设计方法

进行钢结构抗火设计时，一般可采用如下两种方法：

（一）抗火临界温度验算法

该方法通过验算构件的临界温度进行结构抗火设计，步骤如下：

第一，计算构件的荷载效应组合。

第二，根据构件和荷载的类型及构件的内力比，确定构件的临界温度 T_d。

第三，计算受火构件在规定耐火极限要求时刻的内部温度 T_m，检验是否满足要求。

（二）抗火承载力验算法

该方法通过验算结构构件的抗火极限承载力进行结构抗火设计，步骤如下：

第一，确定构件的耐火极限要求。

第二，选定防火保护材料，并设定一定的防火被覆厚度。

第三，计算受火构件在规定耐火极限要求时刻的内部温度。

第四，采用高温下结构钢的材料参数，计算结构构件在外荷载和温度作用下的内力。

第五，计算构件的组合荷载效应。

第六，根据构件和受载的类型，进行构件耐火承载力极限状态验算，检验是否满足要求。

第七，当设定的防火被覆厚度不合适时（过小或过大），可调整防火被覆厚度，重复上述步骤。

进行钢结构抗火设计时，采用抗火临界温度验算法较简单与实用，但结果较粗略，有些特殊情况不适用；而抗火承载力验算法较准确与通用，但计算稍复杂，计算量稍大。

第二节　建筑钢结构的耐火极限

一、建筑钢结构耐火极限的确定

确定建筑钢结构构件的耐火极限要求时，应考虑下列因素：

（1）建筑的耐火等级。由于建筑的耐火等级是建筑防火性能的综合评价或要求，显然耐火等级越高，结构构件的耐火极限要求应越高。

（2）构件的重要性。越重要的构件，耐火极限要求应越高。由于建筑结构在一般情况下，楼板支承在梁上，而梁又支承在柱上，因此梁比楼板重要，而柱又比梁更重要。

（3）构件在建筑中的部位。如在建筑中，建筑下部的构件比建筑上部的构件更重要。

除以上因素外，建筑物内的火灾荷载密度、自动灭火配置情况、建筑物的重要性等级及结构构件在建筑物中的部位等因素均对结构构件的耐火极限要求有影响。

二、建筑钢结构构件材料的分类

建筑钢结构构件材料按照燃烧性能可分为非燃烧体、难燃烧体和燃烧体，其定义如下：

（1）非燃烧体。指受到火烧或高温作用时不起火、不燃烧、不炭化的材料。可用于结构构件的这类材料有钢材、混凝土、砖、石等。

（2）难燃烧体。指在空气中受到火烧或高温作用时难起火，当火源移走后，燃烧立即停止的材料。可用于结构构件的这类材料有经过阻燃、难燃处理后的木材、塑料等。

（3）燃烧体。指在明火或高温下起火，在火源移走后能继续燃烧的材料。可用于结构构件的这类材料主要有天然木材、竹子等。

中国目前结构构件耐火极限的规定是以楼板为基准的。耐火等级为一级建筑的楼板的耐火极限定为 1.5 h，二级定为 1.0 h，三级定为 0.5 h，四级定为 0.25 h。确定梁的耐火极限时，相对楼板而言，耐火极限应相应提高，一般提高 0.5 h。而柱和承重墙比楼板更重要，故将它们的耐火极限在梁的基础上进一步提高。

当建筑物中设自动喷水灭火系统、火灾自动报警系统全保护时，其柱、梁的耐火极限可按相应的规定降低 0.5 h。对于建筑钢结构，应根据钢柱离楼顶的距离确定不同的耐火极限要求，离楼顶越近，耐火极限越小。

三、确定建筑钢结构构件耐火极限要求的步骤

在进行抗火设计时，一般按图 5-1 所示的步骤来确定建筑钢结构构件耐火极限要求。

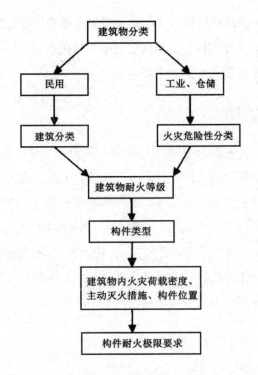

图 5-1　确定建筑钢结构构件耐火极限要求的步骤

第三节　建筑钢结构的防火保护

一、提高建筑钢结构抗火性能的主要方法

　　由于在火灾下无保护钢构件的温度迅速升高，而钢材的强度随着温度的升高快速下降，到 600 ℃时，钢材的屈服强度下降到常温下的 30%以下，因此钢构件的承载力也迅速下降。构件在火灾时可能很快破坏，无保护钢构件的耐火

时间很短，一般不能满足建筑对构件耐火极限的要求，因此需要采取措施提高钢结构的抗火性能，使钢构件达到规定的耐火极限要求。

提高建筑钢结构抗火性能的主要方法有：

（一）水冷却法

例如，美国匹兹堡 64 层的美国钢铁公司大厦在呈空心截面的钢柱内充水，并与设于顶部的水箱相连，形成封闭冷却系统。如发生火灾，钢柱内的水被加热而上升，水箱冷水流下产生循环，水的循环将火灾产生的热量带走，以保证钢柱不会升温过高而丧失承载能力。为了防止钢结构生锈，须在水中掺入专门的防锈外加剂，冬天如需防冻，还要加入防冻剂。香港国际机场的货物处理中心大楼钢构件也采用了这种防火保护方法。这种方法由于对结构设计有专门要求，实际应用不便利，因此较少采用。

（二）单面屏蔽法

在钢构件的迎火面设置阻火屏障，将构件与火焰隔开，如在钢梁下面吊装防火平顶，以及在钢外柱内侧设置有一定宽度的防火板等。如果建筑内部发生火灾，火焰也烧不到钢构件。这种在特殊部位设置防火屏障的措施不失为一种较经济的钢构件防火方法。

（三）浇筑混凝土或砌筑耐火砖

这种方法是采用混凝土或耐火砖完全封闭钢构件，其优点是强度高、耐冲击，但缺点是占用的空间较大，且重量大。例如，若用 C20 混凝土保护钢柱，其厚度需 5～10 cm 才能达到 1.5～3 h 的耐火极限；而且施工也较麻烦，特别在钢梁、斜撑上，施工十分困难。

（四）采用耐火轻质板材作为防火外包层

例如，采用纤维增强水泥板（如 TK 板、FC 板）、石膏板、硅酸钙板、蛭石板将钢构件包覆起来。防火板由工厂加工，表面平整、装饰性好，施工为干作业，用于钢柱防火具有占用空间少、综合造价低的优点。据报道，日本广泛采用无石棉硅酸钙板（KB 板）作为高层钢结构建筑的防火包覆材，总用量已达到钢结构防护面积的 10%左右。

（五）涂抹防火涂料

将防火涂料涂覆于钢材表面，这种方法施工简便，而且不受钢构件几何形状限制，具有较好的经济性和实用性。

钢结构防火方法应用最多的为外包层法，按照构造形式分，有以下三种：

（1）紧贴包裹法，如图 5-2（a）所示。一般采用防火涂料，紧贴钢构件的外露表面，将钢构件包裹起来。

（2）空心包裹法，如图 5-2（b）所示。一般采用防火板或耐火砖，沿钢构件的外围边界，将钢构件包裹起来。

（3）实心包裹法，如图 5-2（c）所示。一般采用混凝土，将钢构件浇注在其中。

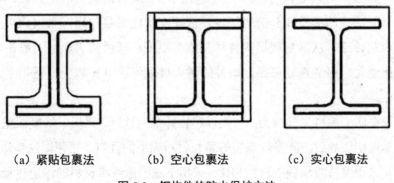

（a）紧贴包裹法　　（b）空心包裹法　　（c）实心包裹法

图 5-2　钢构件的防火保护方法

二、建筑钢结构防火涂料类型及技术要求

（一）钢结构防火涂料类型

钢结构防火涂料的类型较多，通常根据高温下涂层变化情况分为膨胀型和非膨胀型两大类。

1.膨胀型防火涂料

又称薄型防火涂料，厚度一般为 2～7 mm，其基料为有机树脂，配方中还含有发泡剂、碳化剂等成分，遇火后自身会发泡膨胀，形成比原涂层厚度大十几倍到数十倍的多孔碳质层，多孔碳质层可阻挡外部热源对基材的传热，如同绝热屏障。该涂料可用于钢结构防火，耐火极限可达 0.5～1.5 h。

膨胀型防火涂料涂层薄、重量轻、抗震性好，有较好的装饰性；缺点是施工时气味较大，涂层易老化，若处于吸湿受潮状态会失去膨胀性。

2.非膨胀型防火涂料

主要成分为无机绝热材料，遇火不膨胀，自身具有良好的隔热性，故又称隔热型防火涂料。涂层厚度为 7～50 mm，对应耐火极限可达到 0.5～3 h 以上。因其涂层比薄型涂料的要厚得多，因此又称为厚型防火涂料。

非膨胀型防火涂料的防火机理是利用涂层固有的良好的绝热性，以及高温下部分成分的蒸发和分解等烧蚀反应而产生的吸热作用，来阻碍火灾热量向基材的传递，从而延缓钢构件达到临界温度。厚质防火涂料一般不燃、无毒、耐老化、耐久性较可靠，构件的耐火极限可达 3 h 以上，适用于永久性建筑中。

厚型防火涂料又分两类：一类以矿物纤维为骨料，采用干法喷涂施工；另一类是以膨胀蛭石、膨胀珍珠岩等颗粒材料为主的骨料，采用湿法喷涂施工。

与采用湿法喷涂颗粒材料相比，采用干法喷涂纤维材料的涂层质量轻，但施工时容易散发细微纤维粉尘，给施工环境和人员的保护带来一定麻烦，另外

表面疏松，只适合于完全封闭的隐蔽工程。

在我国永久性钢结构建筑中大量推广应用的厚质防火涂料主要采用湿法喷涂工艺。采用湿法喷涂的厚质防火涂料目前主要有两种：一是以珍珠岩为骨料，水玻璃（或硅溶胶）为胶黏剂，属双组分包装涂料，采用喷涂施工；二是以膨胀蛭石、珍珠岩为骨料，水泥为黏结剂的单组分包装涂料（又称水泥系防火涂料），到现场只需加水拌匀即可使用，能喷也能抹。因可手工涂抹，涂层表面能达到光滑平整。在水泥系防火涂料中，其密度较高的品种具有优良的耐水性和抗冻融性。

（二）钢结构防火涂料技术要求

（1）用于制造防火涂料的原料不得使用石棉材料和苯类溶剂。

（2）防火涂料可用喷涂、抹涂、敷涂或刷涂等方法中的一种或几种。

（3）防火涂料应呈碱性，复层涂料应相互配套。底层涂料应能同防锈漆或钢板相协调。

（4）涂层实干后不应有刺激性气味，燃烧时不产生浓烟和对人体健康有害的气体。

三、建筑钢结构防火涂料选用与施工

（一）防火涂料的选用

选用钢结构防火涂料时，应考虑结构类型、耐火极限要求、工作环境等，选用原则如下：

第一，裸露网架钢结构、轻钢屋架以及其他构件截面小、振动挠曲变化大的钢结构，当要求其耐火极限在 1.5 h 以下时，宜选用薄涂型钢结构防火涂料，装饰要求较高的建筑宜首选超薄型钢结构防火涂料。

第二，室内隐蔽钢结构、高层等永久性建筑，当要求其耐火极限在 1.5 h 以上时，应选用厚涂型钢结构防火涂料。

第三，露天钢结构，必须选用适合室外使用的钢结构防火涂料。

选用钢结构防火涂料时，还应注意下列问题：

第一，不要把技术性能仅能满足室内的涂料用于室外。室外使用环境要比室内严酷得多，涂料在室外要经受日晒雨淋、风吹冰冻，因此应选耐水、耐冻融、耐老化、强度高的防火涂料。一般来说，非膨胀型比膨胀型耐候性好，而非膨胀型中蛭石、珍珠岩颗粒型厚质涂料中采用水泥为黏结剂的比采用水玻璃为黏结剂的要好。特别是水泥用量较多、密度较大的更适宜用于室外。

第二，不要轻易把饰面型防火涂料选用于保护钢结构。饰面型防火涂料用于木结构和可燃基材，一般厚度小于 1 mm，薄薄的涂膜对于可燃材料能起到有效阻燃和防止火焰蔓延的作用，但其隔热性能一般达不到大幅度提高钢结构耐火极限的目的。

（二）钢结构防火涂料的施工

1.一般规定

钢结构表面应根据使用要求进行除锈防锈处理。

无防锈涂料的钢表面，防火涂料或打底料应对钢表面无腐蚀作用；涂防锈漆的钢表面，防锈漆应与防火涂料相容，不会产生皂化等不良反应。

严格按配合比加料和稀释剂（包括水），浆料稠度合宜。

施工过程中和涂层干燥固化前，除水泥系防火涂料外，环境温度宜保持在 5~38 ℃，施工时环境相对湿度不宜大于 90%，空气应流通，当构件表面有结露时，不宜作业。

2.施工要点

（1）薄涂型防火涂料可按装饰要求和涂料性质选择喷涂、刷涂或滚涂等施工方式。

（2）薄涂型防火涂料每次喷涂厚度不应超过 2.5 mm，超薄型涂料每次涂层不应超过 0.5 mm，须在前一遍干燥后方可进行后一遍施工。

（3）厚涂型防火涂料可选用喷涂或手工涂抹施工。

（4）厚涂型防火涂料宜用低速搅拌机，搅拌时间不宜过长，搅拌均匀即可，以免涂料中轻质骨料过度粉碎影响涂层质量。

（5）厚涂型防火涂料每遍涂抹厚度宜为 5～10 mm，必须在前一道涂层基本干燥或固化后方可进行后一道施工。

（6）厚涂型防火涂料施工时一般不必加固，但在易受振动和撞击部位以及室外钢结构幅面较大部位，则应考虑加固措施，以保证涂层能长期使用。加固措施为增加加固焊钉或包扎镀锌铁丝网等。

（7）水泥系厚质防火涂料，在天气极度干燥和阳光直射环境下应采取必要养护措施。

（8）防火涂料搅拌好后应及时用完，超过其规定使用期不得使用。

（9）防火涂层的厚度应符合设计要求，施工时应随时检测涂层厚度。

3.施工验收要求

（1）涂层厚度、颜色、外观应符合设计规定。

（2）无漏涂、明显裂缝、空鼓等现象。

涂层厚度测定方法如下：涂层厚度可采用针入法测定，对于超薄型防火涂料可采用饰面型涂料使用的各种测厚仪测定。例如，德国 EPK 公司生产的 Mikro Test 型自动涂镀层测厚仪，规格为 0.5～5 mm，钢结构的梁、柱、斜撑等按其不同形状，取各点检测。检测时，任定一检测线，按钢结构的形状及图示点检测，然后距已测位置两边各 300 cm 处再按图示点检测。所测三组数据的平均值和最小值为检测数据，最小值小于设计值的 85%或平均厚度小于设计值时应补喷或补抹。

四、建筑钢结构防火板

（一）防火板的类型

钢结构防火板分为两类：一类是密度大、强度高的薄板；一类是密度较小的厚板。

1.防火薄板

特点是密度大（800～1 800 kg/m³）、强度高（抗折强度 10～50 MPa）、导热系数大[0.2～0.4 W/（m·K）]，使用厚度大多在 6～15 mm 之间，主要用作轻钢龙骨隔墙的面板、吊顶板（又统称为罩面板），以及钢梁、钢柱经厚涂型防火涂料涂覆后的装饰面板（或称罩面板）。

这类板有短纤维增强的各种水泥压力板（包括 TK 板、FC 板等）、纤维增强普通硅酸钙板、纸面石膏板，以及各种玻璃布增强的无机板（俗称无机玻璃钢）。

2.防火厚板

特点是密度小（小于 500 kg/m³）、导热系数低[小于 0.08 W/（m·K）]，其厚度可按耐火极限需要确定，大致在 20～50 mm 之间。由于本身具有优良耐火隔热性，可直接用于钢结构防火，提高结构耐火极限。

这类板主要有轻质（或超轻质）硅酸钙防火板及膨胀蛭石防火板两种。

轻质硅酸钙防火板是以氧化钙和二氧化硅为主要原料，通过高温高压化学反应生成的硬硅钙晶体为主体，再配以少量增强纤维等辅助材料经压制、干燥而成的一种耐高温、隔热性优良的板材。这种板材在英、美、日等国早已大量生产应用。其中，日本钢结构防火工程中 KB 板的应用，已占其防火材料总量的10%左右。

膨胀蛭石防火板是以特种膨胀蛭石和无机黏结剂为主要原料，经充分混合、成型、压制、烘干而成的另一种具有防火隔热性能的板材，英、美等国均有生产和应用。

用防火厚板作为钢结构防火材料有如下优点：

（1）重量轻。质量密度在 400～500 kg/m³ 左右，仅为一般建筑薄板的 1/4～1/2；强度较高，抗折强度为 0.8～2.5 MPa。

（2）隔热性好。导热系数为 0.08 W/（m·K），隔热性能要优于同等密度的隔热型厚质防火涂料。

（3）耐高温。使用温度 1 000 ℃ 以上，用这种板保护钢梁钢柱，耐火极限可达 3 h 以上。

（4）尺寸稳定。在潮湿环境下可长期使用、不变形。

（5）耐久性好。理化性能稳定，不会老化，可长期使用。

（6）易加工。可任意锯、钉、刨、削。

（7）无毒无害。不含石棉，在高温或发生火灾时不产生有害气体。

（8）装饰性好。表面平整光滑，可直接在板材上进行涂装、裱糊等内装饰作业。

（二）防火板的施工与应用

1.薄板用作隔墙和吊顶的罩面板

一般采用防火薄板为罩面板，以轻钢龙骨（或铝合金龙骨、木龙骨）为骨架，在民用和工业建筑中作为隔断工程和吊顶工程被广泛应用。

2.厚板用作钢构件的防火材料

轻质防火厚板将防火材料与护面板合二为一，具有如下优点：

第一，不需再用防火涂料喷涂，完全干作业，有利于现场交叉作业。

第二，高效施工。防火板可直接在工厂或现场锯裁、拼接和组装，可和其他工序交叉进行，可缩减工期和工程施工费。

第三，节省空间。用于钢柱保护，占地少，可使楼层有效面积增加。

厚板用于钢结构保护的施工方法有：

第一，采用龙骨安装。即用龙骨为骨架，防火厚板为罩面板，如图 5-3 所示。

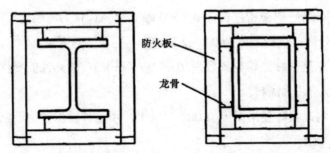

图 5-3　采用防火厚板钢结构防火构造（用龙骨为固定骨架）

第二，不用龙骨，采用自身材料为固定块（底材），辅助以无机胶（如硅溶胶）、铁钉安装，如图 5-4 所示。

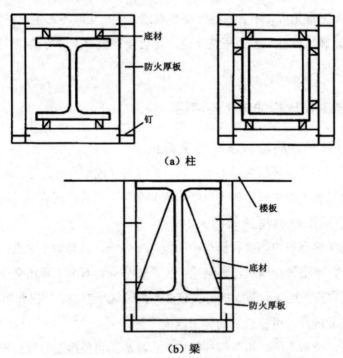

（a）柱

（b）梁

图 5-4　采用防火厚板钢结构防火构造（用底材为固定块）

薄板用作钢结构上厚质防火涂料的护面板,大多应用于钢柱防火,如图 5-5 所示。采用防火薄板做护面板,其施工方法可参照隔墙板和吊顶板施工。

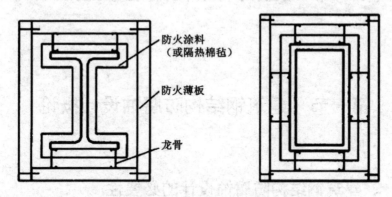

图 5-5 采用防火薄板钢结构防火保护构造

第六章　建筑钢结构的防腐蚀设计

第一节　建筑钢结构防腐蚀设计概论

一、建筑钢结构防腐蚀设计的必要性

建筑工程这种设计服务寿命为 30 年、50 年、100 年甚至超过 100 年的重要基础设施，长时间经受严酷的环境、负荷作用，其性能难免会随着时间推移而发生衰退。因此为保证其耐久性，在使用期间要对其构件进行维修或替换。而建筑钢结构的腐蚀是其服役期间产生病害损伤的主要原因。目前，全世界每年因建筑钢结构的腐蚀造成的经济损失已高达数千亿美元。而且，建筑钢结构由于腐蚀造成的灾难性事故屡见不鲜，特别是焊接钢结构和承受较大应力状况下的钢结构，在应力作用下，腐蚀将大大加速。因此，对建筑钢结构必须采取切实可行的防腐蚀措施，确保其服役期间不因腐蚀而遭受损伤破坏，进而保证建筑的安全和正常运行。

可持续发展已是全球经济发展的趋势。像建筑这种使用时间长、占国家资产比重大的重要基础设施的可持续性对于国家的意义是重大的。传统上，建筑钢结构构件设计重点集中在构件建筑阶段的建筑成本和短期性能优化。而全寿命设计则要求对构件在满足建筑设计使用寿命内所有方案进行优化，以最小成本保证其在设计使用寿命内的性能和耐久性。

二、建筑钢结构防腐蚀设计的流程

对建筑钢结构进行防腐蚀全寿命设计是很有必要的，其全寿命设计流程如图 6-1 所示。在设计建筑钢结构时，要针对其自身的结构特点和所处的环境条件，采用最优的防腐蚀方法，同时合理考虑后期的涂层养护，这样才能确保建筑的正常使用和长久寿命，同时为了达到最小成本，很有必要对建筑钢结构的防腐蚀措施进行全寿命设计。

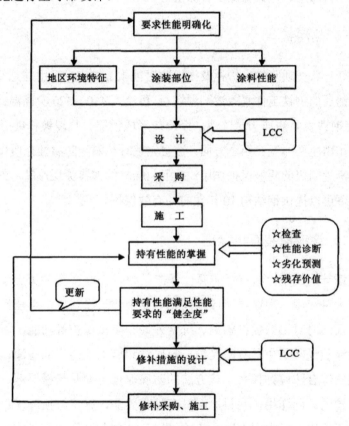

图 6-1　建筑钢结构防腐蚀全寿命设计流程图

三、建筑钢结构使用涂层的作用

常用的建筑钢结构防腐蚀措施主要分为两类：一类是机械隔离措施，即采用惰性材料包覆在钢结构表面，隔离水、氧气等介质以达到防腐蚀的目的；另一类是根据电化学防腐蚀原理，人为提高钢结构的电势，使其处于电势较高的一极，从而达到保护目的。依据上述原理，常用的钢结构防腐蚀方法有热浸镀、涂料涂装有机涂层、电弧喷涂复合涂层等。

（一）热浸镀

在路灯杆、交通隔栏、护栏及扶梯防腐蚀施工中广泛采用的是热浸镀锌，将酸洗除锈后的钢铁工件浸入溶剂湿润后，再浸入 480～520 ℃高温锌熔池 3～5 min，使钢铁表面沾挂一层锌液，经冷却形成镀层。热浸镀锌镀层对钢材基体的保护作用主要体现在两个方面：镀层完整时起隔绝防腐蚀介质作用，镀层破损时起牺牲阳极的阴极保护作用。采用 80 μm 的镀锌涂层厚度，在一般工业大气环境下可以提供钢结构 10 年左右的有效保护。

（二）涂料涂装有机涂层

建筑钢结构使用涂料进行防腐蚀保护已经有 100 多年的历史了，经过不断发展和大量应用，现在已形成系列化的专用建筑涂料。由于任何一种涂料都无法保证同时对钢铁提供隔离、抗紫外线和阴极保护等功能，因此建筑钢结构涂料涂装通常是由具有防腐蚀、耐候性和施工性能好的底漆、中间漆和面漆组成的综合防腐蚀体系。该方法的防腐原理主要是机械屏蔽、钝化缓蚀及阴极保护的共同作用。涂料涂层具有外观美丽、施工方便等优点，多年来一直被广泛采用。以中国为例，从 20 世纪 60 年代开始，红丹防锈漆与云铁醇酸面漆涂装体系主导中国建筑钢结构的防腐蚀体系；20 世纪 80 年代后，涂料产品得到长足进步，发展形成了重防腐蚀体系，从而涂料涂层使建筑钢结构的防腐蚀寿命从原来的 5～10 年提高到 10～15 年，从而成为大型建筑钢结构常用的防腐蚀防护体系。

（三）电弧喷涂复合涂层

电弧喷涂是利用喷涂设备的电源发生装置使喷枪的两根金属丝分别带正、负电荷，并在喷枪交汇点起弧熔化，同时喷枪内压缩空气穿过电弧和熔化的熔滴使之雾化，并以一定速度喷射到预先准备好的喷砂表面形成涂层。电弧喷涂锌、铝及其合金涂层一方面对钢结构起到机械封闭作用，另一方面也起到局部牺牲阳极的阴极保护作用。在电弧喷涂涂层外表面制备底漆＋中间漆＋面漆的有机封闭涂层，就形成了电弧喷涂复合涂层。一般的城市大气环境下防腐蚀寿命可达 40～50 年，即使在恶劣的防腐蚀环境中，防腐蚀寿命也可达 20～30 年。

为了保证建筑钢结构运营的可靠性和经济性，在建筑运营期间难免要对防腐蚀措施进行维修、重涂。热浸镀锌镀层碰伤后，只能通过涂料涂装、电弧喷涂等其他方法进行局部修补，修补层和原有镀层搭接处结合强度不高，易导致脱落和局部防腐蚀，而且只能在专用工厂进行，不能重新涂装。同时，其防腐蚀寿命（10 年左右）低于建筑的设计服务寿命（30 年、50 年、100 年，甚至更长），需到期进行重新涂装，所以不宜用于建筑钢结构的防腐涂装。相比之下，涂料涂装有机涂层和电弧喷涂复合涂层不仅所用工具比较简单，不受构造物的形状或大小左右，均可得到防腐蚀保护涂膜，并且可通过现场施工反复涂漆，所以作为经典的防腐技术得以广泛应用。

中国自古以来就有着"盛世修桥筑路"的说法，在中国的国民经济正处于大踏步前进的时候，往往建筑建设会进行得如火如荼。但是近年来，由于建筑使用性能差、耐久性低、服务寿命短等问题已经影响了其正常服务功能的发挥，并且给养护和维修等后期运营工作带来难以承受的经济和社会负担，因此也使建筑的建设管理面临着极大的风险。人们开始反省以往建筑建设和管理存在的问题，并深刻认识到忽视建筑耐久性设计及使用寿命，只关注眼前和短期利益而忽视后期和长期风险的现象，必须得到彻底纠正。

随着经济的发展，世界环境污染问题愈发凸显，加快了建筑钢结构防腐蚀涂层及其钢结构的破坏，这将大大影响建筑的安全可靠性及其服务寿命。在新的大气环境条件下，当前大气腐蚀对涂层的作用效果、预测建筑钢结构防腐蚀涂层在大气腐蚀环境下的使用寿命，以及对建筑钢结构防腐蚀涂层进行生命周期成本分析等成为亟待解决的问题。这些问题的解决将为建筑工程全寿命设计提供具体的技术参考依据。

像建筑这种使用时间长、建设费用高昂的重要基础设施，其可持续发展对于国家的社会、经济、技术以及生态能源的价值具有重大意义。所以在其设计中要充分考虑建筑钢结构在建筑设计服务寿命期间的维护、替换和管理成本，使其全寿命设计的总费用最小化，这样才能使建筑钢结构在建筑设计服务寿命期间具有可持续性。因此，由于建筑钢结构损伤破坏的主要原因是腐蚀，所以作为建筑钢结构的防腐措施的防腐蚀涂层的全寿命设计是至关重要的。而建筑是根据需要而建造的，所以建筑钢结构所采用的防腐蚀涂装体系、防腐效果与使用寿命也是不同的，这些将使建筑钢结构防腐蚀涂层的全寿命设计处于十分复杂的局面中。

第二节　建筑钢结构腐蚀的影响因素

根据实际需要而建造的建筑的地理位置千变万化，各处气候条件复杂，腐蚀环境亦各不相同。如我国南方的湿热和酸雨、北方的寒冷和冰盐、沿海地区的盐雾等，都是造成建筑钢结构防腐蚀涂层被腐蚀的重要因素，因此研究腐蚀环境和大气腐蚀性的关系对于涂装方案的选择有着极为重要的作用。

建筑钢结构防腐蚀涂层的大气腐蚀主要是涂层受大气中所含的水分、氧气和腐蚀性介质（包括雨水中的杂质、烟尘、表面沉积物）的联合作用而引起的破坏。

一、气象因素

大气中的气象因素直接影响着涂层的腐蚀作用，其中包括大气中的日照时间、气温、相对湿度、降水量等因素。

（一）日照时间

日照时间对于高分子材料和涂层的大气腐蚀（老化）有着重要影响：日照时的紫外线能促进高分子材料的老化过程，日照时间越长，高分子材料老化速度越快；而且随着时间的延长，紫外线照射还会引起涂层吸水率、二氧化硫吸附率及孔隙率增加，加速涂层老化。

（二）温度

大气温度是影响大气腐蚀的又一重要因素，因为它能影响涂层表面水蒸气的凝聚、水膜中各种腐蚀性气体和盐类的溶解度、水膜的电阻等。温度对大气腐蚀的影响还与大气中的相对湿度有关：当环境中的相对湿度低于金属临界相对湿度时，温度对大气腐蚀的影响较小；但当相对湿度达到金属临界相对湿度时，温度的影响就十分明显。

（三）相对湿度

相对湿度是指在某一温度下空气中的水蒸气含量与该温度下空气中所能容纳的水蒸气的最大含量的比值。由于大气腐蚀主要是一种薄水膜下的电化学反应，空气中水汽在金属表面发生凝聚而生成水膜和空气中氧气通过水膜进入涂层表面是发生大气腐蚀的基本条件。而水膜的形成是与大气中的相对湿度密切相关的，相对湿度较低时，金属表面不足以形成一定的表面水膜，金属电化学腐蚀过程只能部分进行，其腐蚀速率也很低。因此，只有相对湿度达到某一临界值，才发生明显的腐蚀。

（四）降水量

降水对大气腐蚀具有三种主要影响：一是降水增大了大气中的相对湿度，延长了润湿时间；二是因降水的冲刷作用破坏了防腐蚀物质的保护性，加速了涂层的大气腐蚀；三是降水能冲洗掉涂层表面的灰尘等各种污染物而减缓腐蚀。

水分还能直接对材料起降解化学反应，当聚合物结构被辐射能量改变时，以化学方式吸收的水分在循环作用中将促进表面材料实际分解释放。在任何阶段与水相接触都会加快氧化速度，特别是酸雨作用时。

二、大气污染因素

大气的主要成分是不变的，但是海洋大气中的海盐粒子，以及受污染大气中的二氧化硫等，会对金属在大气中的腐蚀产生重要影响。

（一）海盐粒子

有人认为海盐粒子的影响主要有三个方面：一是增加水分子通过涂层渗透的动力；二是提供传导腐蚀电流的离子；三是某些离子可能对腐蚀反应起催化作用。也有人认为海盐粒子的影响主要有两个方面：一是由于降低水蒸气凝结所需的临界相对湿度而增加涂层吸水的速率，从而加速渗透起泡；二是污染盐参与腐蚀反应，起催化作用。

（二）二氧化硫

大气污染物二氧化硫长期作用于建筑材料，会加速涂料等高分子有机聚合物的聚合交联链的断裂，造成材料表面光学性能和机械性能变差，最终导致涂料出现裂纹、脱落。随着涂料的不断老化，水汽中的酸性物质可通过漆膜表面细小微孔进入漆膜内部，在金属基体表面产生电化学反应，使漆膜生锈、起泡而损坏，从而缩短涂层的使用寿命。

研究表明，在二氧化硫环境中只需 5 天，涂层和基底结合力就会下降到最初的 1/3，而在没有二氧化硫的环境中，需要 28 天，相应的结合力才降到最初的 1/3。

综上所述，无论什么涂层，长期暴露于大气环境中，受到各种腐蚀因子的作用，必然会引起各种物理和化学的变化，使其失去原有的性能，部分或全部失去对基体材料的保护。涂层的失效是一个从量变到质变的过程，同时也是一个包含诸多因素、相当复杂的过程。

第三节　大气腐蚀性区域的划分

一、按照自然大气环境分区

这种分区方法是先根据地区的气候划分气候带，再依据地区的湿度来划分出气候区，两者综合起来划定该地区是某气候带某气候区。

（一）气候带的划分

气候带通常划分为热带、亚热带、温带和寒带。

热带：月平均气温≥25 ℃的月份有 6～12 个。

亚热带：月平均气温≥25 ℃的月份有 3～5 个，并且一年中有 8 个月以上平均气温＞10 ℃。

温带：月平均气温＞10 ℃的月份最多有 7 个月，极端最低气温≥－40 ℃。

寒带：年极端气温＜－40 ℃。

（二）气候区的划分

气候区按照相对湿度和温度持续时间可以划分为湿热区、亚湿区、亚干燥区和干燥区。

湿热区：全年有 2～12 个月处于湿热天气中；

亚湿区：全年连续 1～4 个月处于湿热天气中；

亚干燥区：月平均气温＞25 ℃，全月不出现湿热天气的干热月份有连续 1～4 个月；

干燥区：全年仅出现一个干热月份。

（三）中国的气候环境的划分

根据以上分类方法，可以将中国的气候环境分为以下几类：

热带湿热区：雷州半岛、海南岛和台湾南部。

亚热带湿热区：秦岭以南，长江流域、四川、珠江流域、台湾北部和福建。

亚热带干燥区：新疆天山以南、戈壁沙漠。

温带湿热区：秦岭以北，内蒙古南部、华北、东北南部。

寒温带干燥区：内蒙古北部、黑龙江省。

二、按照腐蚀气氛分区

由于各种原因，大气中存在不同的污染物，如工业生产和人类生活的废弃物中产生的各类有机物、金属粉尘、盐类等，它们对金属腐蚀均产生一定的影响。通常根据污染物的性质和污染程度，将大气环境类型分为乡村大气、工业大气、海洋大气等。金属的防腐蚀设计通常以此种定性分类进行参考。

（一）乡村大气

大气中不含强烈的化学污染物，仅含无机物的尘埃，大气环境对金属腐蚀性相对较弱，大气中的温度和湿度是影响金属腐蚀的主要环境因素。

（二）工业大气

工业大气中含有大量二氧化硫、硫化氢等含硫化合物，它们易溶于水，其水膜成为强腐蚀性介质，能加快金属的腐蚀速度。随着大气中相对湿度和环境温度的增大，这种加速金属腐蚀的作用更强。

（三）海洋大气

沿海及海岛等环境中，大气中含有大量烟雾或含盐粒子，它们沉积于金属表面，溶解于水膜中形成强腐蚀介质，直接对金属进行腐蚀，并且距海岸距离越近，大气含盐量越高，其腐蚀性越强。

三、按照腐蚀速度分区

《色漆与清漆——防护涂料体系对钢结构的防腐蚀防护》（ISO 12944）中，根据腐蚀速度，将腐蚀环境分为C1～C5五类，并在其中介绍了导致腐蚀产生的大气环境，定义了大气腐蚀环境的级别。这份标准同时也通过了欧洲委员会的批准认可，所以它实际上取代了一些国家如英国、德国等的国家标准。

四、按中国国家标准分区

《大气环境腐蚀性分类》（GB/T 15957—1995）主要针对普通碳钢在不同大气环境下的腐蚀类型及与相对湿度、空气中腐蚀性物质的对应关系作了规定。它可以作为碳钢结构在各种大气环境中选择防腐蚀涂料的系统的依据。建筑的腐蚀环境主要是大气腐蚀，涉及所有的大气腐蚀类型，其中腐蚀性最强的是工业大气和海洋大气。

五、制定按照防腐蚀涂层的腐蚀环境分区的方法

对于建筑防腐蚀设计者来说，知道建设地区的大气腐蚀状况对于防腐蚀工程设计、提高建筑安全可靠性等都具有十分重要的指导意义。许多国家很早就开始进行这方面的研究，如美国、英国、巴西、西班牙、俄罗斯等国均有大气腐蚀性区域划分图；在我国，中国科学院金属腐蚀与防护研究所绘制了辽宁、海南等地区的大气腐蚀区域划分图，但是在全国范围内进行大气腐蚀性区域划分的研究还比较少。

目前，我国按照自然大气环境分类的方法虽然对环境的湿度、温度、介质、紫外线等进行了考虑，但是没有将其影响因素量化；按照腐蚀气氛分类的方法，没有细致地考虑工业的类别、城市密度和所用燃料等方面的差异，因而无法提供一个能预测大气环境的定量方法；按照金属标准试件腐蚀速度的分类方法，依据的均是碳钢、低合金钢等金属材料的腐蚀速度，而未考虑建筑钢结构防腐蚀涂层的失效。所以，有必要制定一种针对建筑钢结构防腐蚀涂层的腐蚀环境分区方法。

而建筑长期暴露在空气中，受空气中的水分、氧气、太阳光等的作用，导致大气腐蚀对防腐蚀涂层的影响错综复杂。防腐蚀涂层在具体的环境条件下的防腐蚀行为，一般是通过实地实验来分别确定，不仅实验周期长，还要耗费大量人力、物力。在此我们尝试采用一种新的方法来估算涂层的大气防腐蚀程度。

（一）建立涂层防腐蚀程度与大气腐蚀之间关系的通用公式

近年来，众多防腐蚀研究者，正力图定量地估算金属防腐蚀量和气象因素及大气污染因素的关系，建立涂层防腐蚀程度与大气腐蚀之间关系的通用公式，然后根据各地区的气象和污染情况，对大气腐蚀的情况进行预测。

（二）环境腐蚀严酷性划分依据

目测漆膜老化前后的光泽变化程度，并按《色漆和清漆 不含金属颜料的色漆漆膜的 20°、60°和 85°镜面光泽的测定》（GB/T 9754—2007）测定老化前后的光泽，计算其失光率等级，如表 6-1 所示。

表 6-1　失光率划分等级

等级	失光程度（目测）	失光率（仪器测）/%
0	无失光	<3
1	很轻微失光	>3&<15
2	轻微失光	>15&<30
3	明显失光	>30&<50
4	严重失光	>50&<80
5	完全失光	>80

根据此标准，通过涂层在不同地区的老化腐蚀的失光率数据，把建筑大气腐蚀环境划分为五个级别，分别为 C1、C2、C3、C4、C5，具体划分方法如表 6-2 所示。

表 6-2　腐蚀环境划分方法

环境腐蚀性等级	环境腐蚀性描述	失光程度（目测）	失光率（仪器测）/%
C1	腐蚀性很弱	无失光	≤3
		很轻微失光	>3&≤15
C2	腐蚀性比较弱	轻微失光	>15&≤30
C3	腐蚀性一般	明显失光	>30&≤50
C4	腐蚀性比较严重	严重失光	>50&≤80
C5	腐蚀性很严重	严重失光	>80

　　相同地区不同的涂层的老化腐蚀程度不同，在此我们选取具体地区不同涂层的失光率的平均值来评价该地区的环境腐蚀严酷性。

六、建筑钢结构防腐蚀涂层大气腐蚀性程度评定软件开发

　　开发本软件的主要目的是：利用涂层老化失效的通用公式计算防腐蚀涂层失效程度和环境腐蚀严酷程度。

　　软件开发的主要思路如下：首先，求得涂层老化失效的通用公式，即：①收集涂层老化失效数据与气象因素和污染因素的数据；②把数据利用公式组成方程组；③用 MATLAB 工程软件计算方程求得相关的系数；④进行回归放样，查看通用公式的适用性。其次，设计软件。再次，把通用公式的系数输入软件。

　　最后，利用软件估算涂层腐蚀速率和环境腐蚀严酷程度。

　　为了便于设计，将该软件按功能分成三个模块：①通用公式录入模块，包括：涂层名称输入、公式系数输入、公式添加等功能；②涂层腐蚀程度查询模块，包括：涂层名称选择、气象因素和污染因素数据输入、数据计算、结果输

出、数据删除等功能；③腐蚀环境严酷性查询模块，包括：气象因素和污染因素数据输入、数据计算、数据比较、结果输出、数据删除等功能。本软件数据流程如图 6-2 所示。

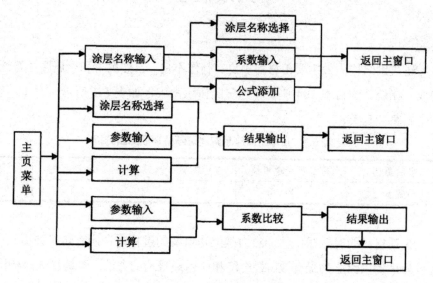

图 6-2　软件数据流程图

通过分析建筑钢结构防腐蚀涂层大气腐蚀的影响因素，即气象因素和污染因素，模仿碳钢的腐蚀量与大气腐蚀影响因素之间的关系式，建立了大气环境下建筑钢结构防腐蚀涂层老化失效的通用公式。通过回归放样分析，验证了模型的正确性，可用于预测防腐蚀涂层大气腐蚀失效程度。

针对目前腐蚀环境分区的各种方法对于建筑钢结构防腐蚀涂层的问题，联系所建立的建筑钢结构防腐蚀涂层老化失效的通用公式，结合国内外涂层老化失效的分级标准，提出了一种腐蚀环境分区的新理念——利用各地的气象因素和污染因素的数据，通过公式计算，确定该地区腐蚀环境的严酷性。

将涂层大气腐蚀环境分区的新理念与计算机科学相结合，利用 Visual Basic 6.5 建立了"建筑钢结构防腐蚀涂层大气腐蚀性程度评定软件"。利用该软件可以实现数据录入、涂层防腐蚀程度查询和特定地区环境腐蚀严酷性查询等功能，实现建筑钢结构防腐蚀涂层大气腐蚀评估程序化。

第四节　建筑钢结构防腐蚀涂层
失效机理

建筑钢结构失效主要由材料不良、制作不良、自然灾害和金属腐蚀等原因造成。在统计的日本 104 座悬索建筑断桥事故中，如表 6-3 所示，有 19 例是与金属腐蚀有关。

表 6-3　日本 104 座悬索建筑断桥事故原因分析

事故原因	荷载及交通事故	自然灾害	金属腐蚀	材料不良	其他
数量	37	35	19	4	9

金属材料的腐蚀在化学、热力学上是自发的过程，在所有防腐蚀措施中，迄今为止仍以涂层为最有效、最经济和应用最普遍的方法。但是建筑钢结构因防腐蚀需要而进行涂装维修仍是不计其数，为此美国设立建筑研究和建设创新基金，以期开发建筑防腐蚀新材料、新技术，中国每年也投入了大量的人力、物力、财力进行建筑钢结构防腐蚀保护的研究。而对建筑防腐蚀涂层的失效机理的研究，对控制腐蚀发生、探索防护途径、研制新材料等都有重大意义，能很好地找到防腐蚀涂层失效因素，制定出相应的防护措施，能为防腐蚀优化决策及涂层评定标准的制定提供坚实的理论基础，能为新型耐腐蚀材料的研制提供必要的理论参数。

一、建筑钢结构防腐蚀涂层在大气环境下的腐蚀

（一）建筑钢结构防腐蚀涂层在大气环境下的病害

外界的强烈影响，会造成钢结构防腐蚀涂层的老化或使其产生缺陷。

1.粉化

粉化严格来说，是一种表面现象，主要是由阳光中的紫外线造成的。照射不到阳光的背阴面的涂料则不易粉化。然而，空气中的水蒸气、氧气和污染物等，都会影响粉化的过程，它们与树脂反应，导致树脂分解，仅留下颜填料在表面，就如粉尘一样。

2.渗色

对于含煤沥青的涂料，如环氧、乙烯、聚氨酯等，如果用白色或浅色涂料作为面漆，沥青就会渗出来，留在表面上。这种焦油或沥青总是会移动表层，引起面漆变色。有时，即使是使用过几年的旧涂层进行喷砂处理后，还是会发生这种情况。有些焦油会留在钢板上，当涂以白色或浅色面漆时，渗色又产生了。在阳光下，渗色现象特别快，修正并不太容易，变色的部位可以用含铝粉的涂料进行封闭。

3.变色

涂料在施工后不久，如果产生褪色、渗色、变色等现象，就会破坏涂料的美观装饰性。当然，这时的涂层已经受到了损害。

树脂往往是产生变色的主要原因。比如，环氧树脂和亚麻籽油容易泛黄变暗，芳香族聚氨酯也容易在阳光照射下变黄。

颜料也会引起颜色的变化。比如，含铅涂料在含硫化物的大气中会变深、变黑。防污涂料中的氧化亚铜在含硫的水质中也会发生黑变。橙色颜料比较活泼，易发暗或变成深棕色。其他的黄颜料可能趋向于变灰或变白。

4.起泡

起泡是一种常见的涂料缺陷，里面有时是干的，有时是液体。起泡有大有小，形状为半球形。其大小通常跟底材的附着力强度、涂层间的结合强度，以及气泡或水泡处的压力有关。有时起泡发生在涂料系统和底材之间，有时发生在涂层之间。而且，有时起泡还会发生在单一涂层内，这主要是在漆膜中含有空气或残留溶剂。

5.剥落

剥落通常是因为不良的表面处理，底材或涂层内有污物，如灰尘、脏物、油脂或者化学物质等，超过两道涂层间的固化时间，或产生了粉化。剥落类似于脱皮，但是剥落的涂层硬而脆，可以从底材上撕下。一旦涂层开裂，边缘会从底材上卷起，就会产生剥落的可能。

6.开裂

很多情况下，开裂是由于涂料本身的配方的原因，以及漆膜老化和风化造成的。漆膜的开裂可以细分为：细裂、开裂和龟裂。

细裂是漆膜表面上的微小裂纹。这是一种表面现象，还没有渗入整个涂层的深度。细裂通常是由于涂层表面受到压力而产生的，很多情况下，是配方设计的原因。大多数情况下，细裂的产生是由于树脂和颜料的搭配不当造成的。虽说细裂没有深入到底材，但是由于气候的变化，风雨冷热等会导致表面细裂进一步恶化。

涂层发生开裂时，有两种情况，即涂层中的开裂和到达底材的裂纹。当涂膜表面收缩的速度远大于本体时，即在表面应力的作用下，涂层就会开裂。如果硬而韧的涂料在柔软的涂层上时，开裂就产生了。而如果涂层中应力超过了涂层本身的强度，造成的开裂是极其严重的，它会穿过涂层直达底材。很多时候，这种开裂是涂层老化的结果。涂层的膨胀收缩、润湿干燥等作用，当然也是主要的原因。比如，有时胺固化环氧树脂涂得很厚，涂膜的应力随固化的继续也就越来越大，由于温度变化而造成热胀冷缩，涂层就会开裂。

龟裂是最严重的涂层开裂现象，有时会直接穿透涂层到达底材，当然这里就是腐蚀产生的源头，然后整个涂膜就会从底材上大片剥落。

7.点蚀

点蚀通常在涂料使用很长时间并接近其使用期限时出现。但是，如果施工不当或者配方不当，施工几天后就可能会出现点蚀。这个问题在车间底漆施工或者使用无机富锌涂料作为一道底漆时，特别容易发生。含锌量低的环氧富锌底漆或无机底漆，因为使用了大量的其他颜料来遮蔽锌粉的颜色，锌其实起不了主要的抗腐蚀作用。漆膜喷涂得较薄，喷砂处理时，如果粗糙度相对较大，湿度又高，在粗糙度的波峰处，就会出现点蚀。

8.漆膜分层

漆膜间的分离是常见的漆膜弊病，常见于旧涂层进行维修涂装时，因为旧漆膜的粉化或上面的灰尘等杂质会影响附着力，或者因为旧涂膜的固化，新涂装不能溶化渗透表面而造成流挂的附着力不佳。新旧涂层的不相容也是一个重要的原因。

涂料如果涂得太厚，不但会引起与底材间的脱落，还会导致涂层之间的附着力问题。当涂层中的收缩应力超过了涂层的附着力时，加上温度的变化，涂料自己就把自己拉开了。

9.早期锈蚀

早期锈蚀是指乳胶漆在表干后，在高湿条件下发生的斑点锈蚀。

乳胶漆发生早期锈蚀与其成膜过程有关。乳胶漆的成膜过程靠乳胶粒子凝结实现。由于水分蒸发，粒子与粒子接触，接着在表面张力和毛细管力的作用下，使粒子-粒子发生形变，最后在乳胶粒子中发生高分子链的扩散，使膜变硬。早期锈蚀是在干燥速率减慢和水溶性铁盐经漆膜浸出的条件下发生的，如果在乳胶漆干燥过程中不存在潮湿条件，便不会发生早期锈蚀。发生早期锈蚀有三个条件：乳胶漆薄（不到 $40\ \mu m$），基体温度低，环境湿度高。钢材表面的活性对早期锈蚀有影响，活性大的表面，早期锈蚀严重。在油漆配方中加入可溶性缓蚀剂，可成功地防止早期锈蚀。

10.瞬时锈蚀

在喷丸清洁的钢表面用水基底漆打底后不久会出现褐色锈斑，这种现象称为瞬时锈蚀。

产生瞬时锈蚀的原因是喷丸（钢丸或陶瓷丸粒）使金属表面留下了缝隙或在钢丸和钢基之间形成了电偶电池，在钢表面被水基底漆润湿后，就会立即使腐蚀过程活化。锈斑是可溶的腐蚀产物穿过涂层，在涂层的表面或内部被氧化而生成的三价铁的化合物。

如果在喷丸处理后将留在表面的污染物除去，或在涂刷底漆前仔细清洁表面，就可避免这种腐蚀。

（二）建筑钢结构不同部位的腐蚀特征

建筑的结构复杂，由于所处位置不同，腐蚀条件有差异，导致各部位的腐蚀情况也有很大的不同。建筑钢结构的腐蚀可以以建筑面板为界划分为两个部位，即建筑面板以上部位和建筑面板以下部位，另外还包括一些特殊部位。

建筑的主体部分是上部结构，主要受到大气腐蚀。大气环境的不同，建筑受到的腐蚀也不同，如：跨海大建筑受到海洋性气体中氯离子的侵蚀，腐蚀环境最为恶劣；处于工业区和城市的建筑，由于大气环境很差，受到的腐蚀也很严重。建筑大多采用明建筑面，垃圾及废水对建筑面的腐蚀产生最直接的影响。内燃机车是目前中国公路上的主力机车，其运行过程中产生的二氧化硫等气体，使建筑所处的微环境更加恶劣，对建筑的防腐蚀不利。

1.建筑面板以下部位的钢结构

建筑面板以下部位的钢结构主要指上承桁梁的下弦杆、纵梁和横梁，以及上承板梁的所有部位等。

例如，由于桥梁类建筑横跨各类大江、大河、山川、海峡，所以建筑面板以下部位的钢结构腐蚀主要是由江、河、湖、海水面的水蒸气蒸发，遇到建筑钢结构冷凝附在建筑钢结构表面，在建筑钢结构表面形成水膜造成的；此外货车运行中飘落的各种粉尘，如煤粉尘、含酸或碱性货物的粉尘等很容易附在下部结构上，也会造成建筑面板以下部位的钢结构腐蚀。

2.建筑面板以上部位的钢结构

建筑面板以上部位的钢结构主要指下承桁梁的上弦杆、竖杆、斜杆和上平联等，腐蚀因素主要是雨水的侵蚀、紫外线的照射等。在建筑钢结构的上弦和下弦的箱形杆内部主要的腐蚀介质是大气中的潮湿气体，阴暗潮湿是腐蚀的主要根源。

3.高强螺栓连接的栓节点

建筑钢结构高强度螺栓的栓节点是不允许有上下贯穿的缝隙存在的，也就是说在板缝之间不能有流锈水的现象存在。因此栓节点的腐蚀主要是雨水产生的缝隙锈蚀，因此该部位必须使用高质量的涂料防腐体系，防止缝隙腐蚀的产生。

4.纵梁上盖板顶面与板梁上翼缘顶面

该面是全建筑腐蚀最为严重的地方，也是最难处理的地方，该处主要是行车时震动摩擦对涂层的破坏，以及机车与行人落下的各污染物的侵蚀，要求涂层有耐磨性。上桁梁表面由于积水积灰，腐蚀最厉害。

5.铆接板间或栓接板间

建筑钢结构大多为栓接结构，板和板之间存在着大小不同的缝隙，缝隙间距在 0.025～0.1 mm 的是缝隙腐蚀的敏感区间，发生缝隙腐蚀时，缝隙内部一般出现加速腐蚀，而缝隙外部腐蚀较轻。由于缝内贫氧，形成缝内外氧浓差电池，缝内为阳极，且发生酸的自催化过程，因此造成缝内的加速腐蚀，腐蚀产生的体积膨胀，堆积在缝隙处使缝间距不断扩大，导致缀板等出现锈胀变形现象。缝间距的变化要求此处的涂层具备一定的弹性。

二、防腐蚀涂层失效机理研究状况

目前，在涂层的防护性能和失效机理方面，科技工作者已开展了大量研究工作，取得了令人瞩目的进展。目前对于防腐蚀涂层的失效机理的研究主要有以下三种：

（一）光降解老化机理

在对涂层的户外老化影响因素的研究中，太阳光中的紫外线被认为是引发降解的最主要因素。一般认为涂层的光降解机理是自由基反应机理。

自由基浓度通常是一个非常低的恒稳态值，因此自由基与自由基相遇较自由基与分子相遇的机会少得多，使得上述反应得以不断进行。在光老化过程中产生了一些小分子如酮、醇、酸等，这些小分子很容易被水冲刷掉。由于不断损失成分，涂层就会收缩，厚度减小，这样就导致脆化、开裂。若涂层含有颜料，涂层高聚物的损失会有效地增加颜料在涂层表面的体积浓度，结果是表层相对较脆，里层较有弹性，这样导致涂层表层粉化、深层开裂。

虽然光引发的自由基降解可以解释一些小分子量的氧化物来源，但不能说清分子中实际上由什么具体反应生成过氧化物、羧酸、乙醛、甲酮等小分子量的氧化物。

（二）水降解老化机理

涂层在户外大气环境中除了受到太阳光中紫外线作用发生光降解反应外，还要受到来自不同渠道的水作用发生水降解反应。如果涂层中存在酯、醇、胺等基团，涂层发生水降解的可能性更大。以上功能性官能团发生水降解的趋势是酯—醇—胺。

在树脂体系固化位置容易发生水降解，从而导致涂层老化。研究发现采用三聚氰胺作为交联剂的涂层在老化过程中湿度起着相当重要的影响；同时发现排除紫外线的影响，涂层在湿润的环境中比在干燥的环境中老化速度更快。

由于涂层的分子链经过光降解后，产生很多亲水性基团，因此大多数涂层老化过程中，水降解反应常发生在光降解反应后。光降解和水降解这两个过程相互促进，不能截然分开。

（三）电化学反应机理

在涂层的制备过程中由于各种外界因素如环境污染物的渗入等，会在涂层中留下瑕疵和隐患，出现气泡、阴影和斑点；由于有机物分子的交联、缩聚、溶剂挥发而使涂层产生内部密度不均的问题，形成微孔和裂纹缝隙。涂层中这些宏观和微观缺陷成为传输通道，使外界的水分子携带污染物渗入涂层与金属基体界面处形成腐蚀介质，到达涂层金属基体界面，发生电化学反应。

三、建筑钢结构防腐蚀涂层失效机理分析

防腐蚀涂层失效指涂层由于长期暴露于腐蚀环境下，引起物理和化学性能的衰变，使其失去原有的性能，失去部分或全部对基体材料的保护作用。

（一）影响防腐蚀涂层性能的因素

防腐蚀涂层最基本、最主要的性能是对腐蚀性介质的阻挡和屏蔽作用，进而对金属基体进行保护，涂层防腐蚀性能的优劣取决于涂层和金属基体之间的黏结强度和涂层对水及其他侵蚀粒子的抗渗透能力。所以一般来讲，防腐蚀涂层除了应具备很好的防腐性能外，还要能够与金属基体紧密结合，在一定的外力和变形机制下，仍能保持涂层完好；涂层还要有优良的抗渗性能，能够长期服役于腐蚀性介质的浸泡和冲刷环境中。影响涂层防腐性能的因素很多，一般来讲主要有以下三个方面：

第一，从参与涂层下基体金属腐蚀过程的腐蚀性介质角度而言，决定涂层

失效的三个重要的物质因素是水、氧气和离子，涂层不同程度地阻挡这三个因素的渗透而发挥其防腐蚀的作用。

第二，从涂层自身角度而言，则包含材质的相配合、涂层中基料的耐蚀性能、颜料防蚀作用的发挥程度和涂层缺陷等因素。

第三，从环境因素考虑，基材的表面处理质量和涂装质量也将对涂层的防腐蚀性能产生重要的影响。如果表面处理不当会造成涂层与金属基体结合力下降；在涂层的制备过程中由于各种外界因素如环境污染物的渗入等，会在涂层中留下瑕疵和隐患，出现气泡、阴影和斑点。

理想的涂层会对金属基体起到完全的保护。然而，实际应用中的涂层往往存在着宏观和微观缺陷，宏观缺陷可以通过严格控制施工质量而避免，但微观缺陷却不可能完全避免。由于涂层在形态上的多孔性，与之相接触的水蒸气、氧气和其他物质可以经孔隙穿入而被涂层吸收。这些被吸收的物质会在涂层中扩散，并到达涂层/金属界面而引起腐蚀。

（二）防腐蚀涂层失效形式

涂层主要通过屏障作用，将金属与外部介质隔离而对金属进行保护，无论什么涂层，长期暴露在大气环境中，受到各种腐蚀因子的作用，必然会引起各种物理和化学的变化，失去原有的性能，部分或全部失去对基体材料的保护作用。由于不同地区和建筑钢结构不同部位各种腐蚀因子的比率不同，即引起防腐蚀涂层失效的主导因素不同，因此涂层的主要失效形式也不同。

1.老化失效

高分子材料暴露于腐蚀环境下，受紫外线、热、水、化学介质的老化作用，性能随时间的延续而破坏的现象，称为老化，是油漆涂装层最普遍的失效形式。

一般来讲，涂层暴露在腐蚀环境下时，涂层中的键（如 C-O 键、C-N 键等）极易受光作用的影响，产生键的氧化裂解，从而使涂层降解。且随着老化时间的延长，涂层的强度、塑性、附着力和耐蚀性能都会下降，出现粉化、失光、龟裂、变脆等失效现象。

受紫外线作用比较严重的地区的涂层的失效以此种形式为主。而对于建筑的具体部位而言，建筑面板以上部位的涂层的失效更偏重于此种形式。

2.化学溶蚀

涂层材料与腐蚀介质相互作用，生成可溶性化合物或无胶结性产物，称为化学溶蚀。在腐蚀过程中，化学介质与材料中的一些矿物成分或组分产生化学作用，使材料产生溶解或分解。

二氧化硫污染严重的地区，涂层失效以此种形式为主。而对于建筑梁的具体部位而言，此种形式也是建筑面板以下部位的涂层失效的主要形式。

3.溶胀与溶解

水分子作为溶剂易于渗入涂层内部，使涂层逐渐发生溶剂化作用，导致高分子链段间的作用力削弱，间距增大。由于有机物分子很大，又相互缠结，所以被溶剂化的高分子材料在宏观上会产生体积与质量的增加，即产生溶胀现象。大多数有机物在溶剂的作用下都会发生不同程度的溶胀。

线性结构的有机物会一直溶胀，然后导致大分子充分溶剂化，缓慢地向溶剂中扩散形成均一的溶液，完成溶解过程；而网状体形结构的有机物只能使交联键伸直，难以使其断裂，所以这类有机物只能溶胀不能溶解。即使可能发生一定的溶解，也只能从其中的非晶态区开始，逐步进入晶态区，所以速度要慢得多。当溶剂不能使大分子充分溶剂化时，即使对于线性有机物来说，也只能溶胀到一定程度，而不能发生高分子材料的溶解，但是温度的升高和介质浓度的增加会使之逐渐溶解。

有机物溶胀和溶解的结果，宏观上是涂层体积显著增加，虽仍保持固态性能，但强度、伸长率、耐蚀性急剧下降，甚至丧失其使用性能。

降雨量、湿度比较大的地区的涂层失效以此种形式为主。而对于建筑的具体部位而言，以下部位的涂层失效以此种形式为主：高强螺栓连接的栓节点；横跨大江、大河、海峡的建筑面板以下部位；建筑箱型梁内部。

4.磨损腐蚀

磨损腐蚀是涂层受磨损与腐蚀综合作用的腐蚀过程。

在腐蚀介质的作用下,防腐蚀涂层产生腐蚀产物,腐蚀产物在振动摩擦时又被机械作用去除,使涂层减薄,随即又产生新的腐蚀产物,经过反复作用,此处防腐蚀失效速度比单纯的腐蚀介质作用处快得多,腐蚀严重。

5.撕裂失效

由于缝隙腐蚀的存在,建筑钢结构铆接板间的间距与栓接板间的间距均会不断扩大,如果此处的涂层不能随间距的扩大而变化,就会发生此种形式的失效。

(三)防腐蚀涂层失效过程

涂层失效不是单一腐蚀因子作用的结果,而是要受到各种腐蚀因子的综合作用。理想的涂层是无缺陷的,对腐蚀介质有阻挡与屏蔽的作用,从而保护基体。但是实际应用的涂层,往往都具有微观和宏观的缺陷,这些缺陷的存在是导致涂层提前失效的重要原因。有关研究表明:涂层的防腐蚀失效一般起源于缺陷处,而且产生的腐蚀产物将加速涂层与基体的剥离。

正是由于涂层缺陷的存在,涂层同腐蚀介质作用后,腐蚀介质中的水、氧及腐蚀性离子可通过涂层中的宏观缺陷和微观缺陷扩散至涂层/金属基体界面,形成溶有氧及腐蚀性离子的非连续和连续性的水相。在此过程中,紫外线、热、水、化学介质等的影响,使得涂层黏结剂风化,从而导致涂层粉化,使涂层减薄,缺陷增多。而涂层与基体金属界面处由于水分子的介入,涂层湿附着力显著降低,由此涂层腐蚀出现以下两种形式。

1.物理-化学机理的剥离

如果涂层的湿附着力较弱,而通过扩散所形成的水相两侧产生的压力大于涂层湿附着力,水相便会侧向发展使涂层脱落,直至发生完全破坏,由此产生的破坏属于物理-化学机理的破坏。

2.电化学机理剥离

当湿附着力较强或有腐蚀产物生成，而通过扩散所形成的水相侧向压力小于涂层的湿附着力时，所发生的破坏属于电化学机理破坏。这时水相及腐蚀产物只能在原地积累，积累到一定程度后堵塞通道（微孔或缺陷），进而涂层局部起泡，随着腐蚀反应的进行，为了保持电中性，金属离子会不断向阴极迁移，在阴极区生成腐蚀产物，导致湿附着力的完全丧失，使涂层脱落失效。失效具体过程描述如下：

（1）水、离子、气体渗入涂层

水通过涂层缺陷（微孔或宏观缺陷）扩散至涂层/金属界面上形成水膜，与此同时与水具有很强亲和力的二氧化硫和氨气随水一起扩散，具有离子选择通透作用的涂层又吸入了大量的离子。如此，水、气体、离子进入到涂层/金属界面处，形成溶有氧及腐蚀性离子的非连续和连续性的水相，与金属基体表面接触形成腐蚀介质溶液。

第一，涂层对水的吸收。由于涂层表面和本体的结构及成分分布并不均匀，常存在孔洞、裂纹等缺陷。一部分水就通过孔隙被吸收，另外相当一部分是由于水分子和涂层中的亲水基团形成氢键而吸附。随着老化时间的延长，涂层孔隙率增大，则吸水率会增大。一般来说，水总是优先通过孔洞和裂纹边缘进行扩散；同时这些部位的水分子又会继续向涂层内部渗透。涂膜越厚，水蒸气渗入的途径就越长，从而渗透期相对延长；另外，膜厚的增加使得涂层中的缺陷小孔减少，阻碍了水蒸气的渗入，降低了涂层的饱和渗水量，所以涂层的抗渗透性能随膜厚的增加而增加。

通常涂层还含有颜料、填料及助剂等，这些组元在涂层中通常以独立相存在，与涂层均相形成相界。这些组元的存在将影响涂层中水的传输和吸收。在实际情况下，由于颜料、填料的亲水性，水会在颜料表面形成薄薄的水膜，这样会降低颜料与树脂之间的结合力，在颜料和树脂的界面上容易产生缝隙，水在缝隙中优先渗入而积聚，这种优先传输过程的速度远大于通过本体树脂内的扩散。另外，颜料粒子的聚集也会影响到水在涂层中的传输，聚集体内的颜料粒子往往不能被树脂充分润湿，因此聚集体内会存在很多空穴，水分子可以通过聚集体内的空穴优先传输。而助剂虽然添加量很少，但由于大部分助剂都具有亲水性的特征，因此助剂会增加涂层的平衡吸附能力和溶解能力。随着涂层吸水量的增多，会导致小分子的助剂易于从涂层中溶出，这样会在涂层中留下很多新的空穴，为水在涂层中传输建立了新的通道，从而也加速了水在涂层中扩散的速度。

第二，气体在涂层中的通透。对涂装金属起破坏作用的大气中的气体有氯化氢、二氧化硫、二氧化碳等。其中，氧气是大气的固定成分，占大气重量的23%，氧在天然水中也有一定的溶解量；氯化氢和二氧化硫是大气中的污染物，它们的分子体积都很小，很容易穿入涂层中，它们与水都有很强的亲和力，如，在常温下1体积水可溶解700体积氯化氢，故氯化氢又可随水一道渗入涂层中。

第三，离子在涂层中的通透。离子在涂层中的通透，要受离子本身所带电荷性质的影响。因为高聚物涂膜在水中是带电荷的，具有离子选择性通透作用，如含羧基和其他酸性基团的高分子（醇酸树脂等），在水中带负电荷，具阳离子选择性通透作用，低浓度外电液中的阴离子不能透过膜层。相反，带正电荷的高分子（如聚醛树脂）和用过量聚酰胺固化的环氧树脂，在水中带正电荷，具有阴离子选择性，阳离子不能透过。

（2）金属表面同时发生阳极反应和阴极反应

由于金属及涂层界面的污染物的存在，如残留的亲水性溶剂、磷化或喷砂处理后残留的盐、从输送流体介质中渗透的 SO_4^{2-} 及油脂性物质等，以及涂层微观缺陷和宏观缺陷的存在导致的涂层/金属界面的不均匀性，使得微小区域或局部区域存在电位差，即阳极区和阴极区得以形成，从而发生电化学腐蚀。

（3）金属基体的溶解立即使腐蚀区的 pH 值下降

腐蚀发生时，在低电阻底部的金属表面上的小体积内的离子浓度增大，固体腐蚀产物在金属表面上形成；水相及腐蚀产物累积到一定程度后堵塞其通道。由此产生的堵塞通道的腐蚀产物具有半渗透性，在不受外加电压的条件下水可以透过，一些气体与离子不可透过，并具有足够的机械强度抵抗渗透压，即：阳极区只允许水通过，氧不再能进入；而阴极区水、氧、离子继续进入。随着"通道"内部反应的继续进行和水的渗入，侧向压力小于涂层的湿附着力，水在原始位置不断积累，发生局部起泡，由此可见防腐蚀涂层金属发生的电化学腐蚀是一种闭塞腐蚀电池作用的特例。在腐蚀溶解产生的小坑内的液体与本体溶液相隔离的情况下，正如孔蚀、应力腐蚀破裂、晶间腐蚀、缝隙腐蚀等那样，由于金属离子的水解，小坑内液体的化学成分发生变化，pH 值降为 3.8～4.8，其结果是使局部腐蚀的强度增大。但在涂层下所形成的闭塞腐蚀电池有别于一般条件下发生的情况，阳极反应和阴极反应都是发生在封闭的体积内。这种闭塞腐蚀电池在稍离开腐蚀点的阴极区的 pH 值高，而阳极腐蚀点的 pH 值低。研究指出，阴极区的 pH 值可达 13～14，剥离前沿的 pH 值甚至高于 14。

（4）在阴极区产生的高 pH 值和在阳极区产生的低 pH 值都对高聚物膜层造成损害

在膜厚 140 μm 的聚丁二烯涂装钢在充满空气的 0.5 mol/L 氯化钠中的腐蚀的研究中，通过测定一系列聚丁二烯的电容变化率证实了这种危害，其数据表明酸性和碱性环境能较快降低聚二丁烯的性能。紧挨孔底产生的低 pH 值预计会损坏孔周边的高聚物，并导致孔径的增大，由阴极反应产生的高 pH 值也将同样破坏紧靠阳极腐蚀区周围的高聚物与金属之间的结合键。

（5）固体腐蚀产物在金属表面生成

随着腐蚀反应的进行，为了平衡在阴极腐蚀反应中产生的阴离子所带的负电荷，阳极区的阳离子不断向阴极区迁移。显然涂层中的孔隙、微观裂纹和其他微观结构缺陷越多，导电离子的迁移也越容易。阳离子扩散的途径有两条，一是经涂层扩散，二是侧向地向涂层金属界面的阴极区扩散。前者的扩散是一个相当慢的过程。后者的扩散路径虽然比经过膜要长得多，且要受到附着力的阻碍，但是对于起泡处的涂层。由于其暴露在水中，或者说是涂层处湿度的大大增大，涂层的湿附着力显著降低，因此阳离子经界面扩散变得较为容易。

为了保持电中性所进行的离子迁移使阴、阳离子在涂层/金属界面中的阴极区相遇发生反应，产生腐蚀产物，导致湿附着力完全丧失，涂层发生剥落。

考虑到膜在剥离时尺寸的改变和界面区普遍存在的杂质痕迹，或低分子量物质的重新分布，所以无论物理-化学机理的剥离还是电化学机理剥离，一旦膜与基体完全分离了，哪怕在很小程度上要使它们在一定位置上相互作用或再黏合在一起是不可能的。因此，涂层在剥离以后，要使附着力恢复到任何实际意义的程度，是不可能的。

涂层剥落后，不受保护的基体金属会以很快的速度发生腐蚀，因此涂层剥落的面积可用来表征涂层腐蚀程度，从而预测涂层的使用寿命。在建筑钢结构腐蚀涂层失效面积达到20%以后，即可认为涂层已经完全失效。

特别值得注意的是，对于建筑的纵梁上盖板顶面与板梁上翼缘顶面的涂层而言，其失效过程中振动摩擦起了重大作用。在腐蚀介质的作用下，经过上述的失效过程，涂层中产生了腐蚀产物，由于行车时的振动摩擦，腐蚀产物被机械作用去除，使涂层减薄，随即又产生新的腐蚀产物，经过反复作用，涂层逐渐失效。而建筑钢结构铆接板间与栓接板间由于缝隙腐蚀的存在，板间间距均会不断扩大，因涂层不能随间距的扩大而发生撕裂失效，故失去对涂层的保护作用。

（四）复合涂层的失效过程

现代建筑的长效防腐蚀体系，是以金属涂层、外层涂层相结合的双重复合保护涂层。外层涂层可以有效地阻挡腐蚀因子对金属涂层和钢铁的侵蚀。复合涂层的失效，首先就是外层涂层的失效，大多数情况为粉化、剥落等。由于有机层的破损，腐蚀因子有机会渗入底面，再引起金属涂层的腐蚀，而腐蚀产物的生成和积累又会引起涂层的附着力下降等。其次就是金属涂层的失效。金属涂层对钢铁表面起封闭作用，涂层孔隙大小不同，会产生两种不同机理的腐蚀，二者都要消耗涂层中的金属。

1.涂层自腐蚀

若涂层孔隙率较小，则封闭就严密，使钢铁不产生腐蚀，但涂层表面却能在水中形成微电池，涂层被腐蚀，即产生涂层自腐蚀，从而消耗金属涂层中的锌或铝，使涂层逐渐变薄。

2.电化学腐蚀

金属热喷涂到钢铁表面时，金属颗粒堆积不规则，颗粒之间有孔隙存在，这样涂层就形成多孔件。若涂层孔隙率较大或涂层损坏，空气中的水蒸气和氧气会通过这些微孔穿透涂层到达钢铁基体表面，由于涂层/金属基体界面的污染物的存在和涂层微观缺陷和宏观缺陷的存在，导致涂层/金属基体界面不均匀，使得微小区域或局部区域存在电势差，涂层与基体之间就构成微电池，涂层中的金属电势低，为阳极，钢铁电势高，钢铁基体为阴极，涂层金属腐蚀导致喷涂涂层剥落直至失效。

第五节　建筑钢结构防腐蚀涂层的维护

建筑是国民经济建设和人民生活中的重要设施，为了保证建筑的使用寿命，必须加强现有建筑的保养和维护工作。建筑钢结构防腐蚀涂层不可能永远保持其防腐蚀的特性，随着使用年限的增长，防腐蚀涂层受腐蚀介质的影响逐渐老化和腐蚀，失去其防腐蚀效果。因此，应加强防腐蚀涂层的防护效果，每间隔一定时间就对原有防腐蚀涂层进行维护或更新。

目前，我国对大坝、水闸等水工建筑物已采取了很好的安全检测与监控措施，但在建筑工程方面才刚刚起步。许多经验教训告诉我们，对建筑结构进行定期检测至关重要，检测是整个建筑维修与加固的基础。不同建筑的病害种类与程度不同，应充分做好检测工作，提出合理的维修加固方案，以便对危旧建筑做精确的维修和加固工作。现阶段我国仍有大量建筑的检测工作并没有进行，今后应该对每座建筑都做到定期检测，加强监控，以避免或减少腐蚀对建筑钢结构的损害。

一、建筑钢结构防腐蚀涂层的检测评估

近年来，我国建筑养护和管理工作基本停留在建立档案、清扫路面及疏通泄水管等简单的工作上，而对建筑钢结构防腐蚀涂层的状况评定尚未得到应有的重视，这给建筑以后的安全运行留下了隐患，为此必须加强建筑钢结构防腐蚀涂层的检测评估。

（一）建筑钢结构防腐蚀涂层检测评估的流程

建筑钢结构防腐蚀涂层的检测评估流程如图 6-3 所示，主要分为三个阶段：

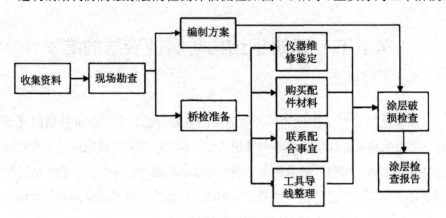

图 6-3　检测评估流程图

第一阶段：准备阶段。包括收集资料、现场勘查及编制方案三项内容。

第二阶段：外业检测阶段。主要包括设备安装和数据采集。

第三阶段：分析报告阶段。即根据外业采集的数据，进行统计分析和计算，并编写涂层检查报告。

（二）建筑钢结构防腐蚀涂层检测评估的原则

涂膜劣化类型包括粉化、起泡、裂纹、脱落、生锈五种，而目前我国建筑钢结构涂层的处理方法，一般是将涂层的每种劣化形式分成四个等级，然后对出现不同等级的涂层做相应的处理。据此原则，我们可以将涂膜的裂化类型分为一级、二级、三级、四级。

1.粉化

涂膜由于表面老化损坏而呈粉状脱落，出现白色（浅色漆）或深色（深色漆）粉状物。劣化等级按轻微、中等、轻重及严重分为一级、二级、三级、四级：一级——用力擦涂膜，手指粘有少量颜料粒子；二级——用力擦涂膜，手指粘有较多颜料粒子；三级——用力较轻，手指粘有较多颜料粒子；四级——轻轻一擦，手指粘有大量粒子或出现漏底。

2.起泡

涂膜表面分布有直径不同的膨胀、隆起，出现点泡或气泡。劣化等级按面积的 0.3%、5%、16%、33%分为轻（一级）、中等（二级）、轻重（三级）、严重（四级）。

3.裂纹

涂膜出现裂痕、网状或条状裂纹，并可见到下层或底层。劣化等级分级方式同起泡。

4.脱落

涂膜的面层和底层间、新旧涂层间丧失了附着力，涂层表面形成小片或鳞片脱落。劣化等级分级方式同起泡。

5.生锈

涂膜出现针状、点状、泡状或片状锈，劣化等级按照生锈面积的 0.3%、5%、10%、20%分为轻微（一级）、中等（二级）、轻重（三级）、严重（四级）。

二、建筑钢结构防腐蚀涂层的维修保养

为了保持建筑钢结构防腐蚀涂层良好的技术状态和美观的样貌，减缓钢铁基材的腐蚀速度，延长其使用寿命，必须加强对建筑钢结构防腐蚀涂层的维护和保养，在适当的时候还必须对涂层进行维修甚至全面更新。

（一）维修时间的选择原理

维修涂装可分为局部修补涂装与全面更新涂装两种，前者一般是指人为因素造成的小范围涂层损伤而进行的涂装，后者则是由于自然因素造成的大部分甚至整个涂层失去或即将失去其应有功能而进行的涂装。局部修补涂装范围小、费用少、工期短，易于实施，应及时安排进行；更新涂装工程量大、费用高、工期长，往往需隔断交通，难以安排维修。

由于钢结构防腐蚀涂层有其合适的更新期，超期维修不仅使涂膜加剧老化和锈蚀，而且要耗费大量人力和经费。用于对旧涂层及基材表面的修整，从经济核算上来说也是不利的，况且由于锈蚀的基材只有喷射（喷丸或喷砂）处理才能达到彻底、有效的清理，而在现场进行更新涂装的情况下，这种处理往往做不到，大多只能采用人工除锈或辅以动力工具除锈的方法，不可能彻底除去锈蚀，这就很难获得满意的涂装效果。表 6-4 所示为钢材表面除锈处理方法与涂层耐久性的关系。更为严重的是，更新涂装时间若拖得太久，钢结构的某些部位的腐蚀将十分严重，甚至影响结构的强度，酿成建筑损坏事故，以致不得不进行结构件的修理或更换。因此，提前进行更新涂装是可取的，即在钢结构涂层老化和锈点还仅限于局部范围，但却又是随处可见的情况发生的时期，着手进行更新涂装。

表6-4　除锈处理方法与涂层耐久性关系

处理方法	涂层耐用年限/年
钢丝刷除锈	2.5
酸洗除锈	9.5
喷砂除锈	10.5

注：涂层为 2 道底漆、2 道面漆。

（二）建筑钢结构防腐蚀涂层处理

建筑钢结构防腐蚀涂层的维修体系与最初涂装时可以相同，也可以不相同，主要取决于旧漆膜的老化程度、业主的经济承受能力和施工现场的工作条件等。

一般情况下，若旧漆膜大部分完好，仅小部分老化需要维修，则维修涂层体系最好与原涂层体系相同；若旧漆膜大部分已老化失效，业主又有一定经济条件，可采用原涂装体系，或采用比原涂装体系更耐蚀的涂装方案。

一般来说，各类一级劣化无须进行处理，各类二级劣化和三级劣化进行维护性涂装，各类四级劣化重新涂装。

1.局部维修

当劣化类型为粉化二级或三级时，一般情况是涂层面上几乎不产生锈点，但漆膜已显著粉化，为保护底层涂层和维持外观颜色的美观，需对此进行涂装维修，采用手工钢丝刷、动力钢丝轮等进行表面打磨，除掉粉化物和表面粉尘、污垢等。

当劣化类型为起泡、裂纹或脱落二级或三级时，用工具清理损坏区域周围的疏松涂层，对浅表裂纹、起泡、剥落进行彻底清除；将损坏区边缘制成坡口，坡口使涂层边缘逐渐变薄，然后局部涂装底漆、中间漆、面漆。应注意保持涂层的连续性和厚度，为此可再涂一层面漆覆盖至交界处以外。

当劣化类型为生锈二级或三级时，大锈蚀点零散存在或整个范围内呈稀疏零散状态，其余面积涂层老化程度非常轻微。此时不需对整个构件进行涂料涂装维护，仅需对局部失效部位进行维修，常采用盘式抛光机、刮刀和凿子等工具，将破损部位涂层打磨掉，新、老涂层搭接处应做成斜面阶段状，露出各道涂层以便结合，中间露底部位打磨去除锈蚀产物，露出金属本色，同时用凿子凿出密布麻坑以增加粗糙度，然后涂装底漆、中间漆和面漆。

2.整体更新

当涂层劣化等级为四级时，涂层的寿命基本到期，表现为涂层体系老化失效，需对整个涂层体系进行更新，重新涂装防腐蚀涂层。一般采用喷砂除锈除去残存原涂装层、锈蚀产物和污垢等，使工程构件表面露出新鲜的金属基体，达到油漆涂装要求的表面清洁度和粗糙度，然后涂装 1～2 道底漆，2～3 道中间漆和 1～2 道面漆。

新涂层至少应达到与原涂层相同的使用寿命，或耐蚀效果好于原涂层。此外，当进行涂层系统的维修保养时，使用的涂料如果是原来的涂层系统，看似安全，其实不然，因为原来的涂层系统有可能已被证明不太适当，需要进行涂料系统的改善，或者不知道原来使用的涂料品种，那么就要根据涂料的类别选用合适的、相容性好的涂料。

根据涂料的干燥机理，常用的涂料可以分成三种类型：氧气固化型、物理干燥型和化学固化型。氧气固化型涂料依靠与空气中的氧气发生反应来聚合成膜，首先在表面，然后氧气透过表面到达深层和涂料发生反应；物理干燥型涂料是热塑性的，漆膜韧性好，遇热易软化，在漆膜的形成过程中，树脂没有发生化学变化，干燥过程只是溶剂从漆膜中挥发的过程，留下完全聚合的树脂和颜料；化学固化型涂料，多数为双组分涂料，混合施工后，它们将通过分子间或分子内的交联固化成膜，完成的漆膜不会受溶剂影响而软化。

使用 MEK 试剂可以辨别出这三种常用涂料。先清洗掉旧涂层表面的油污，然后用抹布蘸了 MEK 试剂在涂层表面擦拭 2～10 min，观察其结果：①如果漆膜完全溶化并被擦掉，说明是物理干燥型涂料，如氯化橡胶涂料、丙烯酸涂料、乙烯涂料、沥青涂料和防污漆；②如果漆膜受到试剂的影响较大，有咬起、起皱等现象，通常是醇酸涂料、改性醇酸涂料或环氧酯底漆，这些都是氧气固化型涂料;③如果漆膜不受试剂影响,或者只有极小影响,一般为化学固化型涂料,如环氧涂料、改性环氧涂料、聚氨酯涂料。

3.电弧喷涂封闭涂层更新

电弧喷锌、铝的有机封闭涂层完全失效后,钢铁基体并没有锈蚀,金属锌、铝涂层基本完好,喷涂层孔隙内有机封闭物仍有效。封闭涂层的更新在待原有机封闭涂层完全失效且大部分脱落,或电弧喷涂层已经被腐蚀掉一定厚度后进行。

有机封闭层的更新处理,仅需采用电动钢丝轮对喷涂层表面进行处理,去掉原有涂层和表面污物,然后重新涂装 1~2 道中间漆、1~2 道面漆。

电弧喷涂复合涂层的维修与油漆涂层的维修相比较,具有底层不脱落、无须喷砂除锈和更换防腐蚀底层、维修成本低廉、维修周期长等优点。

参 考 文 献

[1] 陈亚琴. 探析建筑结构设计中 BIM 技术的应用[J]. 中国建筑金属结构，2022（05）：111-113.

[2] 代立珠. 建筑结构设计中概念设计与结构分析[J]. 大众标准化，2022（16）：106-107，110.

[3] 窦鹏，刘娟. 超高层建筑结构设计问题及对策研究[J]. 工程建设与设计，2022（17）：41-43.

[4] 郭培成. 浅谈《高层建筑结构设计》课程的教学思考与探讨[J]. 四川建筑，2022，42（03）：335-336.

[5] 江学海. BIM 技术在建筑结构设计中的应用[J]. 中国建筑金属结构，2022（08）：113-115，120.

[6] 康乐. 框架结构设计在建筑结构设计中的应用[J]. 中国建筑装饰装修，2022（08）：104-106.

[7] 李光耀，陈晨. 装配式建筑结构设计中 BIM 技术的应用探究[J]. 中国设备工程，2022（09）：222-225.

[8] 李家公，赵连峰. 探析建筑结构设计中 BIM 技术的应用[J]. 砖瓦，2022（06）：91-94.

[9] 李瑾，王邦建. 复杂高层与超高层建筑结构设计要点研究[J]. 工程技术研究，2023，8（14）：173-175.

[10] 李龙. 提高建筑结构设计安全度的策略探讨[J]. 居舍，2022（17）：81-83.

[11] 李晓霞. BIM 技术在建筑结构设计中的应用[J]. 建材发展导向，2022，20（16）：39-41.

[12] 李晓霞. 建筑结构设计中的隔震减震措施浅析[J]. 山西建筑，2022，48

（05）：41-43.

[13] 李旭升. BIM 技术在建筑结构设计中的应用[J]. 工程建设与设计，2022
（15）：29-31.

[14] 李晔. 抗震设计在房屋建筑结构设计中的应用[J]. 住宅与房地产，2022
（23）：35-38.

[15] 李迎霞. 房屋结构设计中的建筑结构设计优化[J]. 居舍，2022（08）：
111-113，168.

[16] 李云杰. 房屋建筑结构设计中的问题与对策分析[J]. 科技与创新，2022
（12）：161-163，170.

[17] 梁弢. 建筑结构设计中的技术优化[J]. 中国建筑金属结构，2022（05）：
90-92.

[18] 刘凤谊. 建筑结构设计中存在的问题与对策分析[J]. 江西建材，2023
（06）：139-140，143.

[19] 刘国福. 多层住宅建筑结构设计中框架结构的问题研究[J]. 居舍，2022
（26）：95-98.

[20] 刘慧，陈凤龙. 论工业建筑结构设计的工程造价控制[J]. 中国建筑金属结
构，2022（06）：150-152.

[21] 刘良斌. 建筑结构设计中的抗震结构设计[J]. 中国住宅设施，2022（02）：
22-24.

[22] 罗幸. 建筑结构设计中常见问题分析[J]. 居舍，2022（20）：108-111+120.

[23] 孟敏. 基于混凝土新材料的高性能建筑结构设计与优化策略探讨[J]. 房
地产世界，2023（14）：49-51.

[24] 宁俊. BIM 技术在装配式建筑结构设计中的应用策略研究[J]. 大陆桥视
野，2022（08）：128-129.

[25] 牛天晨. 浅析建筑结构设计中的问题与对策[J]. 中国住宅设施，2022
（05）：36-38.

[26] 庞博. 基于建筑结构设计中的问题及解决方法研究[J]. 砖瓦，2022（04）：

86-88.

[27] 庞翠娟，吴玉娜，罗敏星等.BIM 技术在建筑结构设计中的应用——以珠海歌剧院为例[J].中国高新科技，2022（09）：54-56.

[28] 秦志生.建筑结构设计阶段优化工程成本的方法及对策[J].四川水泥，2022（08）：118-120.

[29] 秦志生.建筑结构设计中如何提高建筑的安全性[J].四川水泥，2022（06）：142-143，146.

[30] 任晶梅.房屋建筑结构设计中常见问题分析[J].房地产世界，2022（19）：38-40.

[31] 任治军.智能建筑结构设计中 BIM 技术的应用研究[J].智能建筑与智慧城市，2022（08）：81-83.

[32] 沈晓龙.建筑结构设计可靠度的影响因素与对策研究[J].建材发展导向，2022，20（12）：58-60.

[33] 沈正峰，秦凤艳，方金苗等.高层建筑结构设计课程思政教学探索[J].教育观察，2022，11（08）：88-91.

[34] 史艾嘉，胡庆生.BIM 技术在建筑结构设计中的应用研究[J].价值工程，2022，41（17）：144-146.

[35] 孙正博.浅析概念设计在建筑结构设计中的应用[J].建材发展导向，2022，20（20）：70-72.

[36] 汪兴文，于浩，杨平.BIM 技术在建筑结构设计中的合理应用探析[J].智能建筑与智慧城市，2022（11）：111-113.

[37] 王本启，简染豪，武延涛.建筑信息模型技术在建筑结构设计中的运用探究[J].砖瓦，2022（09）：83-85，89.

[38] 王飞，孙杰.BIM 技术在智能建筑结构设计中的应用[J].工程技术研究，2022，7（14）：179-181.

[39] 王娟.绿色发展理念在建筑结构设计中的应用[J].房地产世界，2022（16）：58-60.

[40] 王淼，毕正超.基于建筑与结构融合度提升的建筑结构设计创新分析[J].城市建筑空间，2022，29（09）：214-216.

[41] 王瑞平.高层建筑结构设计及结构选型探究——以甘肃省某高层建筑工程为例[J].房地产世界，2022（18）：46-48.

[42] 王瑞平.试论建筑结构设计优化策略[J].房地产世界，2022（16）：43-45.

[43] 王耀文.民用建筑结构设计中的安全性分析[J].中国建筑装饰装修，2022（04）：86-87.

[44] 王艺文，郭俊钢，宫海涛等.建筑结构设计的复杂性和安全性[J].居舍，2022（17）：92-95.

[45] 王颖.超高层建筑结构设计问题及对策研究[J].科技与创新，2022（12）：4-6，14.

[46] 吴文峰.高层建筑结构设计中的不规则问题与抗震方法探究[J].江西建材，2022（08）：110-112.

[47] 闫豪.土木工程建筑结构设计中的问题与对策分析[J].居舍，2023（16）：90-93.

[48] 杨岗.分析如何在建筑结构设计中提高建筑的安全性[J].建材发展导向，2022，20（24）：26-28.

[49] 易振国.建筑结构设计中 BIM 技术的具体应用[J].房地产世界，2022（16）：46-48.

[50] 袁德鹏，耿胜楠.建筑结构设计中常见问题与解决措施分析[J].居业，2022（04）：80-82.

[51] 曾堰.BIM技术在建筑结构设计中的应用[J].中华建设，2022（04）：69-70.

[52] 张锐.基于土地利用的工业建筑结构设计研究[J].工业建筑，2022，52（07）：237.

[53] 张鑫，周光禹，高蕉.抗震设计在房屋建筑结构设计中的应用[J].中国建筑装饰装修，2022（07）：74-76.

[54] 郑萌.标准化房屋建筑结构设计中的环保问题探析[J].房地产世界，2022

（14）：64-66.

[55] 郑永泉.建筑结构设计中造价控制的应用分析[J].江西建材，2022（07）：354-355，358.

[56] 周光禹，张鑫，高蕉.建筑结构设计中剪力墙结构设计研究[J].中国建筑装饰装修，2022（09）：108-110.

[57] 周兰.浅谈房屋建筑结构设计中的应用优化技术[J].建筑与预算，2022（06）：43-45.